Yilan

紅茶經

葉怡蘭的二十年尋味之旅

The
Journey
To

Black
Tea

我的，
二十年紅茶路

　　此書出版前夕，回溯這一路走來歷程，方才驚覺，我之傾心繼而鑽研紅茶，竟已超過二十年了！

　　這段期間，我從雜誌採訪編輯轉而成為自由寫作者、食品雜貨鋪經營者，累積著作十五本，涵蓋範疇多元，遍及飲食、旅行、生活等類；然紅茶，卻始終是我的最專注核心，研究、寫作、工作以至常日飲食，都深深沈溺其中。

　　為什麼這麼喜歡紅茶？

　　當然我是什麼茶都極愛的，白茶黃茶青茶綠茶紅茶黑茶、台灣的茶日本的茶中國的茶南亞東南亞東亞的茶……然獨獨紅茶，卻特別成為我每日每日不可或缺不能少的重要茶飲；且從茶葉到器物到各種史事知識學問門道，都結結實實花了力氣用了心。

　　繫戀之深，就連自己開的食品雜貨鋪也以「PEKOE」、這個專門的紅茶等級單字為命名。

　　我想是因為，比起白茶的花香縹緲、綠茶的清新爽亮、黑茶的濃沈有力來；介於中間的、全發酵的紅茶，除了身段價格顯然更為平易近人外，氣質毋寧也更內斂含蓄。

　　那芳香，於是在一種沈實沈著質地裡，徐徐緩緩一層層悠然散發，彷彿多有了幾分日常的生活的踏實安然，可以季季月月日日時時刻刻品味享受都安適都合宜。

　　尤其紅茶的寬容度極大，熱著喝冰著喝涼著喝沖著喝煮著喝、加糖不加糖、加牛奶加蜂蜜加果醬加果汁水果加香草香料，都自有其風味面貌表情。

　　所以，品飲紅茶，可以隨性率性、也可以專精講究。但

是，和日本茶道的蕭穆端整、台灣茶藝的意境充滿、中國茶學的恢宏龐然非常不同；紅茶的講究，雖有其自成體系的禮儀法度規矩器用，卻好在相對並不繁複細瑣。

因而似是每一步驟章法裡都多有了餘地與空間，分外保留下幾許優雅閒逸情致；讓你一時半刻總也緊張不起來，不急著明心見性天人合一、也不急著產地產區年份季節系譜一一分曉精通，當下此際的茶香與飲茶心情飲茶氛圍，才是紅茶的最中心主體。

所以，記憶裡，似乎是從很早以前就開始戀上紅茶享受紅茶的。

出身茶之國度台灣，自然而然，生活裡總是少不了茶。所以，從很小很小時候起，島南故鄉天氣熱，每日家裡總要沏上一大壺沁涼冰透了的「茶心茶」，擱在客廳茶几上，誰口渴了便自去倒上一杯。

而有趣的是，小孩兒嗜甜，照說該對這淡泊微苦的茶汁不感興趣才是；然而我，不知為何卻分外喜愛這冰涼裡的一點微苦繼而回甘，一天喝上幾杯，喝也喝不膩。

十幾歲的時候，突然間，台南大街小巷間開始風行起所謂的泡沫茶飲。當時的我們，哪裡料想得到這茶終有一天竟能席捲亞洲繼而進軍世界，赫赫成為台灣代表茶味；只是著實著迷於那經過激烈震盪瞬間冷卻後所撞擊而出的爽涼勁香。

就這麼每天上茶店茶攤喝茶買茶，我與親朋友伴同學們熱烈討論著，哪家的茶夠濃夠味、哪家的清雅中餘味無窮、哪家寡淡如水顯然小氣用料不夠紮實……台南人自小裡養大的刁嘴脾性，即使一杯不過八塊十塊的廉價飲品，也一樣給他挑剔到底。

大學時，迷上的是，當時咖啡館茶館裡正當時興且必然具備的水果茶。捨不得花錢上館子喝，宿舍裡小爐子自己炮製：幾樣新鮮水果、幾顆金桔、一枚茶包、幾匙蜂蜜，玻璃壺裡煮透了，可以甜蜜蜜喝上一整下午。

畢了業開始上班，正逢台灣茶藝風起雲湧的年代，同事中有人在現已走入歷史的「清香齋」學茶，好奇跟著報了名；印象深刻是，初入門，首堂茶藝課上，便是十數種茶，從綠到青到黑一字排開，逐一嚐味、品飲……

那回，每飲一口，便如一次重雷轟擊，不同的茶便截然迥異的氣息質地滋味內蘊裡，第一次領會了，一茶，一世界。

「你們喜歡哪一種茶呢？」老師笑問：「通常，喜歡綠茶者性格奔放，喜歡黑茶則內斂沈穩……」

或許真是年輕不識茶滋味吧！彼時的我，一時著迷著全然未發酵綠茶如花般悠揚綻放的高香，也同時魅惑於後發酵黑茶之濃醇甘醲，剛剛好，茶之系譜裡截然兩異的極端；令我一面兩頭猶疑難以取捨，一面也不禁猜想著，也許味蕾上個性裡早已隱隱然潛藏著的兩向內質。

然到後來，一年年喝茶愛茶越多，不知是性情逐漸傾向中庸，亦或歲齡增長，逐漸懂得了，再明媚的香氣再深濃的口感畢竟只是一時，唯有踏實扎實裡卻仍能悠悠見餘韻的醇美，才是真正久長。

遂而，我對茶的喜好，漸從兩端往中間挪移，黑茶少喝了，反是對既堅實又豐潤的半發酵青茶與紅茶依賴越深。尤其是紅茶，從早晨的奶茶，午餐與午後清新爽醇茶類的純飲或水果茶、果醬茶，以至夏季的冷泡茶和冰茶，冬季的香料茶……一躍而成晨昏日夕最親近不可缺的茶伴。

同時，一年一年，隨年歲心境轉化，以及工作關係於飲食領域裡的進境，而一階段一階段有著不同的紅茶心情與體悟：

最早，初入大千世界，著迷的往往是氣味繽紛五色、口感馥郁多變的調味茶；然後是濃烈渾厚、例如燻了香檸檬的伯爵茶或散發著濃濃松煙氣味的正山小種等燻味茶；然後是以不同產地不同地區不同季節不同茶種交揉混合而成的混合調配茶。

接下來，則是單品產地茶了，那個茶園？什麼季節？何種級數？尋求的是，不經任何混合調配加味，量少質高精工打造、純粹反映地域反映氣候風土人文的最細緻風味……

而也在這樣循序漸進過程中，求知若渴欲望下，竟訝然察覺，或許乍看委實太平凡平易了，當時，在青茶綠茶獨占鼇頭的台灣，普及度一點不遜的紅茶，卻是備受忽略冷落，相關談論講究極少。

即使地毯式搜尋、閱讀市面上各種中文外文專門書籍，卻每遇相互矛盾或混淆模糊之處；就算援引來自中國的典籍資料、但由於紅茶並非中國茶類主流，多少有隔靴搔癢之感。再加上喜歡紅茶多年，確有許多心得體悟渴望訴諸文字；遂就此萌生、不如自己寫作一本紅茶書的念頭。

但真正開始動筆後才醒悟，紅茶世界廣博浩瀚包羅萬千，絕非輕易簡單能夠一次囊括全貌。

—— 其實也是多少出乎自己的貪心吧！想要多知曉一些、多體驗一些、多懂得一些；故而，從二〇〇一年開了個頭，竟而就這麼任性著安步當車下來，在如山史料、資料裡搜尋比對，在各個擁有深度紅茶文化的國度、城市間穿梭往來，在家中已經蒐集堆積數百以上的龐大茶樣間品嚐比較。

還幾度探訪台灣茶鄉，開了系列紅茶課、和四方愛茶學員們一起交流切磋，甚至設計了自己的茶具……更安然樂在每一個飲茶的時刻，細細咀嚼品酌其中樂趣。

就這麼一路耽擱延宕，直到二〇〇五年入秋時分，此本《紅茶經》前身——《尋味・紅茶》，才終於誕生。

書中文字種種，俱是我執著深入多年所成；其中，許多跟紅茶知識有關的概念、詞語，由於市面上各類專書的呈現詮釋各有不一，所以多是全盤整理思考整合後、重新提出。

而有關紅茶的沖泡、滋味說解，也一一都來自這些年來每一天每一天的親身操作體驗感受、並融貫東西方不同觀點，點滴累積而得。

文字之外，還有許許多多我自己拍攝的紅茶圖片，除了茶之本身、茶具，更收錄了我於世界各地旅行之際隨手拍下來的，在茶鄉、茶館、咖啡館、餐廳、旅館裡，以至火車上、帳棚邊，當然最多還是平常自家裡的，悠然看茶飲茶時光。

　　分外可喜是，多年來，《尋味‧紅茶》竟就這麼成為我的作品中持續長銷熱賣的一本，不僅和其他著作一起跨出台灣發行簡體版，還反覆修訂、再版，歷久彌新；並蔚然形成深遠影響。

　　然後，就在出版將滿十年、再次面臨再版當口，細細檢點書中內容，深覺光只是局部增修已然嚴重不足；時移事往，不管今時今日之紅茶世界、我的紅茶識見閱歷視野，都已大步往前走得遼遠……「那麼，就全盤重來一次、重寫一本吧！」我默默下了決定。

　　出乎意料之外是，彷彿歷史重演，一如耗費五年方才成書的《尋味‧紅茶》，我又再次一步跌入汪洋茶海中，沉迷耽戀，不能不願不肯自拔。

　　且比前次更加倍貪婪縱情，史料資料的重新蒐羅耙梳、各種沖煮操作技法的重頭整頓外；更奮勇打包行囊，迢迢越洋奔赴各茶鄉：從紅茶原鄉中國武夷山起始，然後是錫蘭中部與南部產區，而後印度大吉嶺與錫金……翻山越嶺，崇岳峰巔雲嵐雨霧間、茶區茶園茶廠裡，實地追索、眼見身歷，每一縷茶香茶味，究竟所由何來。

　　就這麼又過了幾年，現在，全新風貌的《紅茶經》終於成書問世。

　　雖大致保留了《尋味‧紅茶》既有架構，卻是每一篇章字句都重頭寫過。期能更完整、更豐富、更深入、更翔實精確反映此刻我眼中的紅茶世界現貌，以及我的紅茶生活之樂。

　　這其中，除了身世知識門道技法的重予增寫盤整，我的私房紅茶品鑑法與世界重要茶品牌的記述與列舉；所佔篇幅最多應屬各茶鄉之見聞旅記與歸納所得的收錄。當然，多年來膾炙

人口流傳廣遠、倍受各方茶友們青睞愛飲的鍋煮奶茶煮法訣竅，也一齊納入書中。

還有咱台灣紅茶，可說是這十二年來，變化最劇烈的一章。這幾年，走訪北南西東各茶鄉，見紅茶從當年的新芽初透，一年年發熱生光、百花齊放以至名揚天下，真有說不出的歡喜驕傲。

而也因橫跨多年時空，此際，展讀《紅茶經》，格外會心莞爾於字裡行間所流露的，看茶看飲食看生活、彷彿見山又是山一般的幾度心路轉折感悟……

比方新書裡，茶類變化雖似比以往多樣，論述說解也更細膩；但工序方法卻未更繁複，許多甚至因對箇中神髓的熟稔與更能掌握，加之口味益發原味清淡，故反而更顯直覺簡化。

比方我的紅茶具，一如這幾年的居家生活美學和器物文字所寫，不再滿櫃滿架茶具茶杯琳琅滿目了！長年相處熟悉，早茶午茶濃茶淡茶奶茶純茶冰茶……各自各類都有了最匹配的壺具道具與杯。遂而，原書中曾經刊載的物件頗多都已捨離，當下所留，都是經久淬鍊淘汰後，真正契合上手、深心仰賴的親密踏實茶伴。

比方，我在茶世界裡的一路領略體會，漸漸地，也令我在其他飲食類別裡每多有觸類旁通：

像是葡萄酒。如同紅茶裡，等級價格之昂貴平易，與品質從來不見得絕對相關；只在於什麼時刻什麼狀況下、合適的需要的是哪一種茶而已。故而在酒裡，我也自然而然不追評分星等高價珍稀，只企求餐桌上每一瓶佳釀和每一道料理間的美好相遇。

像是因曾經窺見上好大吉嶺紅茶乍看淡雅縹緲卻能無窮回味的深層內涵，遂對日本大吟釀的空靈如水境界剎時心領神會；然醉飲多年後，卻越來越覺低精米度的純米酒才是真正耐喝，就像，我對自始至終一逕堅持醇厚扎實的錫蘭茶的愛好一樣。

像是因著對產地茶園茶與混合調配茶兩向互異的精彩一樣欣賞，遂瞬即瞭然了單一麥芽與調和威士忌天地裡，單一與調配間看似微妙對立、實則相生相共關係……

像是咖啡。初初投入紅茶寫作之際，恰恰逢上產地莊園咖啡席捲全球時期，因之也跟著戀上那本色風土之味；然最近，開始些許嗅聞到風向的轉變，職人烘焙與配方豆逐漸抬頭；接下來，咖啡會否和紅茶一樣，單品豆和調配豆各擅勝場、各競芬芳，飲者各擁所愛？值得期待。

比方，和我在其他飲食類目的鑽研與領會歷程近似，到頭來終究發現，立足於所生所長之地台灣這片土地上、屬於我們自己的紅茶，才是我真正亟欲追尋與瞭解的牽繫和懸念。

—— 書裡，我最喜歡的一張照片，是某年春天在台南「奉茶」茶館裡所讀到的這幅字。（見第146頁）

那是出自台南老店雙全紅茶的紅茶伯的一首歌詩，字裡行間，極淳樸真摯的話語，娓娓道出紅茶裡所擁有的，醇厚踏實、情味悠長、同時親切貼近你我的溫暖特質。

沒料到，走遍各國各地，品了喝了見了多少紅茶味兒紅茶風景，讀了寫了多少說紅茶描繪紅茶的文字；繞了一大圈，驀然回首，卻竟然還是自己家鄉裡的這小小茶館的這寥寥數字，最是直入我心、直截道出我所向來相信的，紅茶的真滋味真性情……

這或者就是，紅茶此物此事的曼妙與迷人處吧！

讓我得能在這看似越走越專精刁鑽的究極之路上，仍舊不停不停思索著內省著修習著警惕著，在這自成一格紅茶世界裡一步步往深裡邁進的同時，還能安閑自在灑脫放開，不攀高不離本不忘初衷，不為規則知識門道等級束縛誘惑。

正如我在多年飲茶裡，所逐漸體悟出的茶與人生哲學：「濃不如淡、多不如少、熱不如冷、高不如低、重不如輕、快不如慢」——現在，我還想加上一句「繁不如簡」……

惟願，濃淡冷熱高下貴平繁簡之間，都有滋有味有悅有樂無入不自得。

目錄

Part 2 紅茶門道 44

part 1

紅茶
身世

紅茶，這項原本根生於中國的產物，卻在數百年間，因著各
種歷史因緣的奇妙交錯，逐步綿延發展成全球人們日常生活
裡備受喜愛依賴的飲品；且由於發展時間的源遠流長，漸漸
形成無比豐碩豐富的門道、講究、樣貌。

在裡頭，我們除了驚嘆於這單一食材項目，竟能夠如此無限
繁衍增生成森羅嚴謹的享樂體系；也看到世界因相互交通往
來，而在生活飲食甚至更多面向裡，所產生的種種流動變
化，非常有意思。

何謂
紅茶？

到底，『紅茶』是什麼樣的茶？

說來有趣，十數年前，剛剛開始教授紅茶課之初，每每和人聊起此事，除了引發「原來紅茶這種東西也可開成一門課啊？」的疑問之外，最常被提及的，就是這個問題了。

令我於是察覺到，這日常裡四處可見、可及，原本以為和我們如此親密的物事，或者，就因著這距離著實太接近了，遂而竟大多數並不真的瞭解與認識。

而奇妙的是，當時，翻開早期手邊既有的多本紅茶書，實際上也只有極少數真正面對、正視這個問題，並提出清楚有條理的說明說解。

甚至我自己，開課前整理資料，從紅茶歷史、基本泡茶法、各種茶類變化、紅茶等級區分、各產地紅茶特色、以至紅茶風情……嘗試將這幾年來手邊逐步累積的各種紅茶知識紅茶學問紅茶門道一一整理編寫成教材之際；一回神，也才發現到，那最基本最根源的：紅茶究竟是什麼？是何型態是何身世？與其他茶類有何不同？可都還沒交代呢！

所以，從頭來過，在本書的最開始，且讓我們來一起聊聊，究竟什麼樣的茶，才是「紅茶」？

我想，就從茶的分類先談起吧！

茶的分類法

從大方向區分，茶可分為六大類，分別為綠茶、黃茶、白茶、青茶、紅茶與黑茶。

值得注意的是，此六分類並非由茶樹的品種來決定，而是

由上而下、由右而左分別為黃茶（中國，君山銀針）、青茶（台灣，高山烏龍）、紅茶（印度，大吉嶺）、綠茶（日本，煎茶）、白茶（中國，白毫銀針）、黑茶（中國，沱茶）。

製法。亦即，即使是同一茶樹所採下的茶葉，若分別以不同方式製作，便成為不同的茶。

而紅茶，便是這六大茶類中的一種。認識六大茶類，便相對初步認識了紅茶：

· **綠茶**：製作時不經任何發酵過程、採摘後直接殺菁、揉捻、乾燥而成的茶。滋味清新鮮醇，清爽宜人。因工法不同，又可分為以鍋炒而成的炒菁綠茶，比方龍井、碧螺春，以及以高溫蒸汽蒸煮的蒸菁綠茶，比方日本的煎茶、玉露，前者香氣濃、後者有新鮮新綠感。

· **黃茶**：製作方式近似綠茶，但過程中多了一道「悶黃」工序，亦即在殺菁後與烘焙間經由包裹、覆蓋或悶堆手法，使茶葉與茶湯的顏色轉呈微黃色澤，滋味也更甘甜醇柔。產區主要在中國，如君山銀針、蒙頂黃芽、霍山黃芽等都是知名茶款。

· **白茶**：把葉片採摘下來後，只在低溫環境中進行長時間萎凋與輕微發酵，不經任何炒菁或揉捻動作，直接乾燥而成的輕發酵茶。外型帶有細緻的茸毛，滋味淡雅爽滑，非常獨特。產區主要集中於中國福建一帶，如銀針白毫、壽眉、白牡丹等都是知名茶款。近年來由於白茶在西方漸受歡迎，遂如印度與錫蘭等南亞產區也漸有生產。

· **青茶**：又稱烏龍茶。是介於綠茶與紅茶之間的半發酵茶，也是台灣的代表茶類。製作工藝之多樣與複雜度在各茶類中穩居第一，遂而滋味也最變化多端，兼容綠茶的青綠新爽與紅茶的醇厚甘美，帶有花香、果香、穀香等豐富紛呈的香氣。知名茶款除各式台灣烏龍茶外還有鐵觀音、水仙、武夷岩茶。

· **紅茶**：完整發酵的全發酵茶，但有些茶區近年在發酵度上有逐漸偏低趨勢。製作過程不經殺菁，而是直接萎凋、揉捻、完整發酵，使茶葉中所含的茶多酚氧化成為茶紅素，形成紅茶所特有的暗紅色茶葉、紅色茶湯。有趣的是，在英文中，紅茶不稱「紅」茶，而稱black tea，「red tea」則通常指的是產於南非的rooibos茶，要小心不要混淆。

· **黑茶**：屬後發酵茶。製造上是在殺菁、揉捻、曬乾後，再經過堆積陳放甚至渥堆等再次發酵過程，茶葉與茶湯顏色更深、滋味也更濃郁厚實。和黃茶、白茶一樣，產地主要也在中國，如普洱茶、安化黑茶、六堡散茶等都是著名茶款。

從以上說明可知，擁有較高程度的發酵、以及紅茶特有製程兩種特質，即為紅茶。

茶樹
品種

大葉種雄渾，小葉種清雅

南投魚池的大葉種茶樹。

　　如前篇所述，茶之紅綠白黃青黑等類別的決定，不在茶樹品種，而是製作方法——因此，同一品種茶樹所採茶葉，一旦以紅茶製法製成，便為紅茶；以綠茶製法製成，便為綠茶。

　　看似基礎常識，然事實上，在十九世紀以前的西方，足有長達兩百年時間誤以為紅茶與綠茶無論品種、產區皆有別，普遍流傳說法是：紅茶是以「武夷 Thea Bohea」茶種製成，來自中國南方茶區；綠茶則為「綠茶 Thea Viridis」品種，產地分布於中國北方。

　　直到1884年，英國東印度公司為發展製茶產業，聘僱植物專家Robert Fortune前往中國盜取茶樹種籽與種苗，親身深入產地與茶廠後，方解開這紅茶與綠茶異同之謎。

　　但即使所有茶樹都可取以製作紅茶，各品種間依然有其個別特質特色上的差異。在同一產區中，也常因品種互異而香氣滋味各見丰姿，並歸為不同茶款。

　　目前可見之茶樹品種何止百千，但始祖皆為同源。茶樹學名為Camellia Sinensis，在生物界的分類為植物界、被子植物門、雙子葉植物綱、杜鵑花目、山茶科、山茶屬之常綠木本植物。

　　以外觀和型態分，茶樹可區分為喬木、小喬木與灌木；野生喬木茶樹最高可達數十公尺，而我們常見的栽培型茶樹則為了方便管理與多次採收，頻繁修剪下，使枝條橫向生長，樹高多在一公尺內。

　　茶樹演化最早可追溯到六千多萬年前，原生於今日中國西南到印度一帶；之後，在地質變動與漫長演化、繁衍、變異過

程裡,逐步在各區域形成不同樹種型態。尤其再經千百年來不同國度產地的人為發現、馴化、選種、雜交、培育,品類樹種無可計數。

兩大品種類別

在紅茶的領域裡,最常談到的兩大品種類別,一般稱為大葉種與小葉種。

大葉種的葉片碩大,製成的茶風味雄渾豪壯。主要分布在高溫多濕的南亞東南亞如錫蘭、印尼、緬甸、越南、印度的大部分茶區、中國西南等地,以及台灣日月潭茶區。

小葉種茶樹之樹形與葉形較顯嬌小,製成的紅茶風味清雅妍媚;多分布於亞熱帶區域如印度大吉嶺、中國東南方以及台灣各地。

而大葉種與小葉種類別之下,因各產地之栽種、繁殖、選育緣故,個別繁衍出豐富的特色品種。比方大葉種中最具知名度的阿薩姆種,發源於印度阿薩姆,之後從印度各地一路傳播到南亞東南亞各國以至台灣,衍生無數在地大葉品種,蔚成紅茶版圖裡聲勢浩大的一系。另如大吉嶺原本多以來自中國福建武夷山的小葉種為主流,近年來則各類新種Clonal茶樹後來居上,如最負盛名的AV2以及P312、B157等都是炙手可熱新秀。Clonal茶樹所製紅茶比圓潤甜醇的中國品種要來得更纖柔清逸,是此刻市場明星。

至於台灣,早於日治時代就從印度引進阿薩姆種、後經改良成為台茶8號,而以緬甸大葉種與原生台灣山茶雜交而成的台茶18號紅玉、以及原生的台灣山茶等,都是大葉種代表。此外,隨台灣紅茶產業復興,近年來許多原本用於半發酵茶類的小葉品種如金萱、青心烏龍、鐵觀音、翠玉、白鷺等也紛紛加入行列;另還有中葉種的大葉烏龍、以中國祁門種與印度大葉種培育而成的新種台茶21號紅韻,百花齊放、熱鬧無比。

阿里山的小葉種茶樹。

紅茶製法

傳統工法 VS. 特色製法

　　經過數百年發展,紅茶製法依地域、茶款不同而呈現出多元多樣態勢。其中,最普及最常見也最基礎的是「Orthodox傳統紅茶工法」,幾乎除少數如中國、台灣等具備本有之製茶工藝傳承脈絡的產地外,目前通行於世界各地主流市場的紅茶極高比例都出自此工法。

　　而在基礎製程之外,則還有CTC、工夫紅茶、小種紅茶等製法,各有特色,為紅茶世界創造出繽紛多樣風景。

Orthodox傳統工法

· **採摘**:茶是以從茶樹上採摘下來的嫩葉與芽所製成。高品質紅茶通常採摘一芽二葉到三葉。

· **萎凋**:採摘下來的鮮葉,當天會立即送入茶廠,均勻攤開靜置,使茶葉的水分緩慢揮發減少,變為柔軟而容易揉捻,同時茶葉也會在水分散失的過程中逐步產生化學變化。Orthodox紅茶通常在室內進行萎凋。萎凋槽下設置通風設

左至右:採摘、萎凋、揉捻。

備，視天候狀況進行送風甚至加溫，以提高效率。

· **揉捻**：將萎凋後的茶葉以揉捻機加以揉捻，一方面破壞茶葉組織，使內含的茶汁與茶的內質和芳香釋出於茶葉的表層，以能在未來沖泡時可以迅速溶解出來；一方面使茶葉緊捲成型，以利包裝與保存。而茶葉揉捻的方式與輕重加壓程度不同，也會形成風味上的差異。

在揉捻過程中，由於壓力與摩擦生熱，加之茶葉中的膠質釋出，易使茶葉的溫度升高且結成團狀，所以必須視情況不時將團塊取出解開，再繼續進行揉捻；此舉可令茶葉散熱降溫，也使揉捻動作更流暢完整。

相較於其他茶類，紅茶為便於沖泡和包裝運送，在製作過程中會將茶葉切碎。許多是在後段篩選時分切，但較碎型紅茶則常提早在揉捻步驟就直接進行；一般是在平揉後再送入揉切機，揉切出細碎的茶葉。

· **發酵**：將揉切好的茶葉鋪開來，在溫暖濕潤的空氣中發酵，使茶葉所含的茶多酚氧化為茶紅素。在這步驟中，茶菁原有的青草氣息會漸漸淡化、轉化為醇厚的茶香，紅茶的色澤與香氣至此大致形成。

· **乾燥**：將發酵完成的茶葉高溫烘乾，以停止發酵並徹底去除水分。

左至右：發酵、乾燥、精製。

・**精製：**完成乾燥步驟的茶葉稱為「毛茶」，須再經篩選、按茶葉品質與葉片大小分出等級，以手工或機器去除莖梗，經風選機吹去異物與雜質後，方進入拼配或包裝上市。

CTC製法

　　CTC是Crush（碾碎）、Tear（撕裂）、Curl（捲起）等三個英文字的縮寫，是一種誕生於1930年代，以快速且低成本大量生產紅茶為目的的製法。

　　過程主要使用專門的CTC滾輪機，茶葉在採摘、萎凋後，便直接送入機器，將茶葉高速碾壓切碎揉捲成極細小的圓粒狀，方便在極短的時間內沖泡出濃厚且多量的茶汁。根據實際沖泡比較，一公斤CTC茶葉約可沖泡四百杯紅茶，但若是Orthodox傳統製法，則一公斤僅能沖出約二百杯，差距甚大。

　　CTC製法目前通行於印度與肯亞等地，所製茶葉多用於沖泡奶茶或製作茶包。特別在印度，由於價格廉宜且風味鮮明，是最主要的國民日常茶品，超過九成以上產量與消費量都集中於CTC紅茶；尤其在地最依賴的Masala Chai 印度香料

CTC紅茶在印度是國民茶品，所製茶葉多用於沖泡奶茶或製作茶包。標準試茶程序以加奶方式進行，確定能與牛奶水乳交融且綻放芳醇的味與香方為上品。

茶，一定得用CTC茶葉沖煮才最夠味。

而也因為幾乎全沖成奶茶飲用，有趣的是，實地探訪印度加爾各答的拍賣經紀公司，發現在當地，CTC紅茶的標準試茶程序竟一律以加奶方式品鑑，確定能與牛奶水乳交融且綻放芳醇的味與香方為上品。

值得一提還有，雖說是低價量產茶，卻因其強烈強勁滋味加之香料茶的懾人魅力；即使在印度之外，CTC紅茶在世界茶領域裡也頗領一席之地，深受茶饕們的青睞愛飲。

工夫紅茶製法

通行於中國各產區的當地主流紅茶製法。概念與程序和Orthodox傳統製法大同小異，但在後段的精製工藝上更講究，需經篩分、風選、揀剔、復焙、拼配等工序，以製作出外型緊實細緻、風味秀麗高雅的上等工夫茶。

小種紅茶製法

Rothschild Tea Factory的CTC製茶設備。

通行於中國福建武夷山一帶，據說是現行工夫紅茶前身、亦即中國紅茶之古早元祖製法。程序和工夫紅茶相似，但在發酵後多了一道「鍋炒」步驟、又稱「過紅鍋」，以中止發酵、保留茶多酚，使茶湯色澤更紅亮、香氣更甜醇。

鍋炒後常會再次揉捻，稱「復揉」，使鬆脫的茶葉回復緊實。之後以松柴烘烤乾燥，形成獨特煙燻香。

紅茶
分級

英文字母越多，一定越高貴？

　　回想起來，早年初入紅茶領域，雖覺其中知識學問講究繁多，一時半刻也窮究不完；但其中最令我昏頭轉向、莫衷一是的，則莫過於紅茶的「等級」了。

　　談到紅茶等級，經常在專業茶店選購茶葉的茶友們應該並不陌生：指的是通常接續在產區名稱後面，諸如OP、BOP、FOP、TGFOP等字樣；稍微認識一下，心裡有個譜，買起茶葉來多少能胸有成竹得心應手。

　　而值得注意的是，此類等級用語多半出現在未經混合拼配（意即將不同產地、季節、甚至種類的茶葉混合調配在一起）、且以「Orthodox」傳統紅茶製法製成的產地單品紅茶上。在最後一個製作階段，會藉由專門的篩分機進行「grade」分級篩選，紅茶等級就這樣被區分出來。

　　各等級標示多以各具代表意義的單一英文大寫字母為代表，如 P：Pekoe、O：Orange、B：Broken、F：Flowery、G：Golden、T：Tippy……等，彼此相互串連、形成不同級次與意義。

Orange非柳橙，Pekoe非白毫

　　——乍看似乎並不複雜，但由於整體發展日久，漸漸層級繁衍越多越龐雜，最基礎的「OP」以上，到後來一路演成類如「SFTGFOP1」這般令人眼花撩亂的長長字樣。

　　更有甚者，還有字義詞義上的誤讀、誤譯所造成的干擾。比方最基礎級的「OP，Orange Pekoe」，就常被強解或翻譯成

以「Orthodox」傳統紅茶製法製成的產地單品紅茶上，在最後一個製作階段，會藉由專門的篩分機進行「grade」分級篩選。

「柳橙白毫」或「橙花白毫」——這其實是很容易造成誤會的譯法……特別早期紅茶知識尚不普及的時代，在一些茶單、茶品包裝甚至茶書上，甚至會將OP等級的茶誤為帶有柳橙香的白毫茶，叫人一時哭笑不得。

嚴格說來，「Pekoe」此字最早雖的確發源自中國茶裡的「白毫」，意指茶葉嫩芽上密密生長的細絨毛；但實際上在紅茶領域中，明顯和「白毫」已經沒有什麼關連。而「Orange」這個字，一說原本是形容採摘下來的茶葉上所帶有的橙黃顏色或光澤，後來成為等級用字，與柳橙絕無關係。

另外，近幾年越來越普遍可見的另一迷思，則是將茶葉等級與茶葉部位、採摘品質混為一談；有的還附上茶葉圖示，認為「採到第三葉等級為P、採到第二葉等級為OP、採到第一葉則為FOP……」。

事實上，根據莊園、茶廠裡的實地探訪結果，紅茶的採摘一律皆以一心二葉、最多三葉為標準，等級則一定要到最後的grade程序後才會真正落定，代表的是篩選與評級過後成茶的尺寸、狀態與細碎程度，與採摘部位無關。

所以，經過長年推敲、比較、歸納與實際使用後，我自己比較傾向回歸等級的最根本原點，不做字面上的翻譯或過度衍生詮釋，而是實際面對每一等級字本身、以及相互組合後的表徵意義來做界定、區分與辨識。

在此將常見等級條列說明如下：

· **OP**：Orange Pekoe。葉片較長而完整的茶葉。

· **BOP**：Broken Orange Pekoe。顧名思義，較細碎的OP。滋味濃重，一般適合用來沖泡奶茶。

· **BOPF**：Broken Orange Pekoe Fannings。比BOP更細碎、細小，沖製奶茶風味強勁。

· **FOP**：Flowery Orange Pekoe。含有芽葉、因而帶有芬芳花香的紅茶。

· **FBOP**：Flowery Broken Orange Pekoe。含有芽葉、也同時含有細碎茶葉的紅茶。滋味既濃郁又芬芳。

· **TGFOP**：Tippy Golden Flowery Orange Pekoe。含有較多金黃芽葉的紅茶。滋味香氣也更清芬悠揚。

· **FTGFOP**：Fine Tippy Golden Flowery Orange Pekoe。經過精細揉捻精製而成的高品質茶葉。

· **SFTGFOP**：Super Fine Tippy Golden Flowery Orange Pekoe，多了「Super」一字，意義不言而喻。

英文字母之外，偶而還會再出現如數字「1」的標示，比方SFTGFOP1、FTGFOP1、FOP1、OP1……，則意味著在該等級裡較為頂尖的級次。

而除了以上等級，偶爾還會看到單單標示「Fanning」（細小的茶葉），「Dust」（粉狀的茶）等字眼，不過這類茶葉除製成茶包外，多半僅出現於南亞國家市井間作為烹煮日常奶茶之用，在其他國家較少見。但我曾幾度買回Fanning等級茶葉，風味濃烈勁澀，調入多量牛奶與糖後，那逼人的強悍與厚實感，著實令人上癮。

適材適性、適地適用

另外，必須再三強調還有，茶葉的等級標示與品質的高下

OP

BOP

BOPF

FOP

FBOP

FTGFOP

SFTGFOP

Fanning

並不見得一定有絕對的關係──雖也常有戲稱是：英文字母越多、價格越貴……但這也一樣並非必然；主要還是看產區和茶款特色，以及自己喜歡的是什麼樣的口味、想用什麼樣的方法沖泡而定。

像是錫蘭的烏巴（Uva）紅茶，因為強調的是濃郁強烈的芳香，尤其如果想沖泡夠濃夠勁的奶茶，定然非得細碎的BOP不可；遂而大葉片等級極少見，且整體評價以至價格都不如BOP、BOPF等級高。

此外，紅茶的此項分等系統雖大致是世界共通，但也並不是每個國家每個產地都擁有前述這般多樣的分級。比方以碎紅茶為主力的錫蘭茶，最多常就只有BOP、BOPF，最多到OP、FOP等分級。而中國因以工夫紅茶見長，因此若是直接從產地售出的品項，也多半看不到這樣的分等。

至於印度，雖是全球產地中分項最多最精細的，但有趣是，若是在大吉嶺產地直接向莊園詢茶買茶，會發現即使茶葉再頂級，最高也只標到FTGFOP1；至於最前面的「S（Super）」字樣，則是直到進入加爾各答拍賣市場中，才由當地拍賣商加上。

而咱們台灣紅茶呢，由於早年自日治時代傳承下來的製茶模式所致，故而，南投魚池一帶，若是歷史較悠久、沿襲傳統設備與概念的如台灣茶葉改良場魚池分場附設之製茶廠、日月老茶廠等所製紅茶，有時還看得到如BOP、FOP、OP等標示等級的茶款。

但由於近十年來，台灣紅茶逐步轉向以不經切碎的條索型全葉茶為主流，特別融合了傳統烏龍茶製茶概念的小葉種紅茶遍地開花後，分級茶更加罕見。──對同愛碎紅茶風味的我而言，雖不免略覺可惜，但畢竟是台灣紅茶一路走來逐步成形的自有面貌，也是特色。

TGFOP：Tippy Golden Flowery
Orange Pekoe。含有較多金黃芽葉的
紅茶，滋味香氣也更清芬悠揚。

紅茶的
調配

迷人的產地茶VS.繽紛的混合茶

　　考考你！如果把阿薩姆茶、英國早餐茶、大吉嶺茶、安妮女王茶、伯爵茶、玫瑰茶、烏巴茶、熱帶水果茶，按照種類屬性……

· Q1：分為兩組，應該怎麼區分？
· **A1**：阿薩姆茶、大吉嶺茶、烏巴茶為一組；安妮女王茶、伯爵茶、英國早餐茶、玫瑰茶、熱帶水果茶為一組。

· Q2：分為三組，應該怎麼區分？
· **A2**：阿薩姆茶、大吉嶺茶、烏巴茶為一組；英國早餐茶、安妮女王茶為一組；伯爵茶、玫瑰茶、熱帶水果茶為一組。

　　原因在於：阿薩姆茶、大吉嶺茶、烏巴茶為產地茶，安妮女王茶、伯爵茶、英國早餐茶、玫瑰茶、熱帶水果茶為混合茶。而混合茶中，英國早餐茶、安妮女王茶為混合調配茶，伯爵茶、玫瑰茶、熱帶水果茶為混合調味茶。

混合茶的世界多元多樣。

　　——打開專業紅茶館或茶葉專賣店的茶譜，可以發現，產地茶與混合茶，常是茶譜中的兩大最主要分類。
　　比起產地茶所追求的單品單一、來自地域來自自然的在地風格，混合茶強調的是，茶品牌與調茶師於各茶款中，因應不同目的或需求所塑造的獨特風味。
　　由於調茶師們在進行茶葉拼配或調味之際，多半會先以消

倫敦食品百貨部Fortnum & Mason的
紅茶部門，除了囊括各大重要產地的
紅茶，調配茶的品項亦精采絕倫、引
人入勝。

費者的口味與接受度為考量，所以，混合茶也往往較產地茶來得更平易近人、容易接受，也更方便依照自己的喜好或不同飲茶形式與時段來做選擇。

此外，從各個知名茶品牌的招牌混合茶款裡，也可以清晰觀察出該品牌風格；比方法國Mariage Frères的混合茶多半香氣風味繽紛馥郁襲人，英國Fortnum & Mason典雅端莊充滿貴族氣質，日本品牌則頗多柔媚可愛的甜美之作，非常有意思。

而我，雖說到後來，因個人偏好緣故，越來越專注心力於產地茶的涉獵與鑽研上，然而，不管是早餐時刻的一壺奶香洋溢的英國早餐茶或伯爵茶，亦或是曾經引領我從而開始喜歡上該品牌的Mariage Frères的Wedding 結婚曲或Fortnum & Mason的Queen Anne 安妮女王，混合茶仍舊是我生活裡一樣不可或缺的，輕鬆自在茶滋味。

混合調配茶（Blended Tea）

混合調配茶指的是各品牌調茶師們以來自不同產區的茶葉（一般以印度、錫蘭、中國為三大最主要拼配茶葉來源）為基礎，混合拼配出風味獨特的茶。

茶葉混合調配上一般需注意滋味與香氣的彼此均衡協調，且在茶葉的形體與大小上也最好盡量一致以利沖泡。

最知名最為人熟知的混合調配茶為英國早餐茶。各家配方均不同，一般以能調配出濃烈飽滿的香氣與口味、適合搭配牛奶為前提。

其他知名的調配茶如法國Mariage Frères以不同來源的錫蘭茶調配而成的Wedding，英國Harrods以印度、錫蘭、肯亞、大吉嶺茶調配而成的No.14茶，英國Fortnum & Mason以印度茶和錫蘭茶調配而成的Queen Anne等，都是赫赫有名的調配茶。

許多茶品牌也經常會以喝茶的時段來做為調配與命名原則。如晨間茶、早午茶、中午茶、下午茶、晚間茶等。一般原

產地茶

阿薩姆紅茶

大吉嶺紅茶

錫金紅茶

錫蘭烏巴紅茶

混合茶

混合調配茶（Blended Tea）

混合調味茶（Flavoured Tea）

英國早餐茶

結婚曲茶

英式伯爵茶

印度香料紅茶

安妮女王茶

玫瑰茶

熱帶水果茶

則是早上茶宜濃烈厚重，下午茶重香度與優雅感，晚間則輕盈柔順無負擔。

混合調味茶（Flavoured Tea）

不同產地來源茶葉的混合調配之外，若再摻入水果、花、香草（herb）、香料等素材或精油予以添香、燻香，以塑造出滋味多香氣的茶，則稱為混合調味茶。混合調味茶可算是最容易被一般紅茶入門愛好者接受且喜愛的茶。

最經典也最歷史悠久的調味茶是Earl Grey伯爵茶（或稱格雷伯爵茶）。這款以來自中國的茶葉摻入Bergamot香檸檬的香味而製成的茶款，據說是十九世紀擔任海軍大臣的格雷伯爵因喜愛正山小種紅茶，但因取得不易價比天高，遂委請倫敦茶商以當時現有素材燻香仿製而成，以供伯爵日日輕鬆享用，就這麼廣為流傳開來。

至於此茶商究竟是哪家？則長久以來眾說紛紜，各知名品牌相互爭奪正統創始地位，爭論不休。其中，Twinings甚至找來格雷伯爵後代子孫出面背書，蔚為一時趣談。

無論如何，不管出自何店何人之手，原本只是正山小種仿品的伯爵茶，兩百多年來，卻逐步深入人心，至今反成比元祖更普及普遍且廣受愛戴的日常茶品。追昔撫今，令人玩味不已。

其他常見的調味茶則配方、風味各見千秋，除了玫瑰、茉莉、紫羅蘭、薰衣草等花茶，還有荔枝、水蜜桃、蘋果、香蕉、鳳梨、葡萄茶，甚至還有焦糖布丁、提拉米蘇茶等……著實眼花撩亂。

上等調味茶風味應均衡優雅，不帶刺鼻的人工香精味，依然清晰的茶香茶味裡，幽幽散發自然和悅的花朵香料芬芳。

紅茶
歷史

紅茶改變了世界！

斯里蘭卡Kandy錫蘭茶博物館的館藏，展出1870年代「錫蘭茶之父」James Taylor所使用的製茶工具。

「說真的，你們不覺得很有趣嗎？」—— 十多年前，在義大利Veneto酒鄉某旅館裡的清晨早餐時分，一如往常，我在紅茶杯底先注入適量微溫牛奶，緩緩倒入熱騰騰的濃紅茶；氤氳升起的奶香茶氣裡，瞇眼享受這異地的一天的愉悅甦醒時，突地心有觸動，遂忍不住跟同行採訪的幾位歐洲記者聊了起來：

「一般來說，就我們的理解，一個國家的日常飲食內容，多半與這塊土地上自古至今固有的農作食材脫不了關係。然而，瞧！現在我們正在享用的、你們歐洲人每天仰賴不可或缺的紅茶，幾百年來，卻從來不是本地土生土長、而必須遠遠從亞洲非洲遠地運送而來……」

「咱台灣自古產茶，所以茶成為我們的重要生活飲品；不產葡萄酒，所以我們的餐桌上甚少有酒相佐，但茶在西方，情況可完全不同了，為什麼呢？」

一時，舉座愕然，靜默半晌，才紛紛你一言我一語熱烈討論起來。

當然我是知道答案的。而我想，這也正是我之多年來始終著迷於紅茶的原因之一。

茶，這項原本根生於中國的產物，卻在數百年間，因著各種歷史因緣的奇妙交錯，逐步綿延繁衍成近乎全球遍見的飲品，且由於發展時間的源遠流長，故而在每一國每一地，都有著個別不同的樣貌。

「紅茶改變了世界！」身為紅茶愛好者，我總愛跟周遭人如此宣稱。

幾個世紀以來，茶觸發了東方與西方的劇烈「交流」——
不管是對等的通商貿易或是不對等的武力欺凌與殖民……，點
燃了歷史上三次英荷戰爭，改寫了許多國家的日常飲食與休閒
面貌，促進了航運科技的演進，形塑了今日南亞各國主要農業
經濟模式，甚至引爆了美國獨立戰役的開啟、加速了英國工業
革命的成功……

　　我在這裡頭，看見了世界因相互交通往來，而在生活飲食
甚至更多面向裡所產生的種種流動變化；也看到每一國每一地
裡，外來事物與既有生活間，各相逕庭各異其趣的交揉融合模
式與軌跡，非常有意思。

誕生與發光

　　根據各種考據與史冊紀錄顯示，茶的起源，一般公認最早
應始於中國西南與印度一帶；至少在西元前數百年，就已分別
在中國與印度文獻上有過茶的記載。

　　但真正發展出光輝燦爛的茶文化的國家，則非中國莫屬。
從最早遠古時期的採生葉烹煮，西元三世紀漢末三國時期製成
餅團後研末飲用，並於十三、十四世紀元明時期逐步發展成我
們今日熟悉的芽葉散茶。

　　茶在中國興盛後，約在唐宋時期開始往四方如日本、韓國
以及南洋諸國傳布。而也在這過程中，隨著西歐各國商人與傳
教士的傳播與轉運，逐漸打開了歐洲的飲茶風氣。

　　荷蘭是歐洲最早進口茶的國家。西元1610年，荷蘭東印度
聯合公司首先利用印尼爪哇島為集中與轉運地，從中國和日本
引進茶葉與茶器茶具，一時蔚成風潮。

　　然一般瞭解裡，此時進入歐洲的茶應為綠茶，並非紅茶。

　　根據現有文獻記載：「紅茶」一詞最早見於明初劉基所
著、記載日常生活與飲食知識的《多能鄙事》，然不確定所指
是否為今日所知之紅茶。真正的紅茶誕生緣起，普遍推估應在

英國經典茶葉品牌Twinings創立於
1706年。十八世紀後，紅茶正式成為
西方茶飲主流。

紅茶始祖「正山小種紅茶」推估應出
現在十七世紀明末福建武夷山桐木
村。圖為正山茶業的傳統製茶設備。

十七世紀明末福建武夷山桐木村，當地茶家將因發酵過度導致變質的茶葉以松柴烘乾並燻香，意外催生出今日紅茶始祖——正山小種紅茶。

有趣的是，紅茶雖在中國問世，但數百年來卻始終不曾成為當地飲茶習慣。然而，經過完整發酵後，湯色深紅、滋味濃郁平易近人，且在保存、運送、沖泡的容易與方便度上都比綠茶青茶更優越、也更適合偏硬水質的紅茶，卻立即吸引了外商們的注意。

1650年代，荷蘭東印度公司將福建武夷山的紅茶運銷歐洲，獲得歐洲人們的青睞喜愛。1660年代起，荷蘭皇室、貴族與富戶間逐漸形成飲茶習慣，許多人家中開始設立品茶室，也出現以紅茶搭配茶點一起享用的下午茶時光。

進入十八世紀後，紅茶於市場上的整體占比明顯一步步壓倒綠茶，正式成為西方茶飲主流。

征服全歐

在此同時，茶葉也逐步流傳到歐洲各國。1662年，葡萄牙的凱薩琳公主與英國國王查爾斯二世聯姻，嫁妝裡包括一箱珍貴的中國茶葉，經此引介，中國茶很快地在英國上流社會形成熱潮。但由於當時仍需仰賴荷商轉手，無法直接進口，所以價格非常昂貴。

對此，為了應付國內與年俱增的需求量，英國開始致力於打開與中國的通商關係；甚至分別於1652、1665、1672年三次對當時仍穩占亞洲茶葉市場優勢的荷蘭發動戰爭，並在戰後得以直接自廈門收購武夷茶運往英國。

十八世紀初，英國東印度公司成功與中國達成雙邊貿易協定，正式取得歐洲茶葉進口的主導地位；也為西方數百年光輝燦爛的紅茶歷史揭開序幕。

而歐洲對來自遙遠的亞洲的紅茶的高度需求，也促成了近

武夷山茶家的茶篩。

代航海技術的高度提升：早先，英國東印度公司的茶葉運輸船從中國航往倫敦最快約需一百八十天以上；也就是說，茶葉從製造完成、一直到抵達歐洲消費者們手中，可都是茶齡超過半年以上的舊茶了。

直到1850年代，美國船商開發出一種獨特的快速運茶船稱為「Tea Clipper」，僅僅九十七天就可將紅茶運抵歐洲。據說當時，這縮短了近一半運送時間的紅茶的「新鮮」滋味，令歐洲愛茶人們感動雀躍不已。

遂引爆了航運史上極其激烈的競爭，不僅茶商們紛紛出重金鼓勵船速，甚至像今日的球賽賽事一樣，「這一季？究竟哪艘船會優先抵達倫敦？」，也成為英國國民們茶餘飯後熱烈關注討論、甚至簽賭下注的焦點話題，非常有趣。

紅茶在南亞洲崛起

中國紅茶在歐洲的領導地位大約只維持了一百多年光景。進入十九世紀，由於茶葉消費量年年屢創新高，為平衡巨幅的貿易出超，英國除了開始將鴉片傾銷中國以換取茶葉外，也興起在該國的其他亞洲殖民地種植紅茶的想法。

十九世紀初，英國東印度公司開始在印度闢建茶園。初時原本使用遠自中國盜取而來的茶葉種籽進行培育，但除在大吉嶺一地勉強能夠落腳，其餘大部分均無法成功生根茁壯。

後來，偶然在阿薩姆發現土生土長、且早已為當地住民取以製茶飲用多時的原生大葉種野生茶樹，遂轉而開始嘗試種植，並從福建武夷延請製茶師到當地傳授製茶技術。

1838年，首批茶葉運抵倫敦；1840年，阿薩姆茶葉公司成立；1860年代，茶區進一步從印度北方往其他地區拓展，逐步開啟印度紅茶的黃金時代。

繼印度以後，其他南亞國家的紅茶事業也開始紛紛啟動，例如原本以咖啡為主要經濟作物的錫蘭，在遭遇毀滅性的病蟲

害後，也隨之於1860年代後期從印度引進茶種與技術，轉向茶葉的種植與生產。

到了十九世紀末以迄二十世紀，挾殖民地大規模、大資本與勞力密集優勢的印度、錫蘭等地茶區已經完全凌駕中國，成為全球最主要的紅茶供應地，來自南亞的紅茶滋味，也決定了今日紅茶的主要面貌。

茶與近代史

美國獨立戰爭與茶：波士頓傾茶事件

因茶而起的戰爭不只英荷之戰。1773年，英國殖民政府通過新的茶葉稅法，使英國東印度公司在美取得茶葉銷售的壟斷地位。其時，由於茶在美國已逐漸成為重要常民生活飲料，剎那民怨高張。

同年十二月，一群波士頓人喬裝成印地安人，衝入港邊三艘滿載茶葉的東印度公司商船，將船上三百多箱茶葉全數扔進海裡，據說周遭海水甚至遭茶葉染成褐色。之後，諸如費城等其他港口也紛紛仿效，就此揭開美國獨立戰爭序幕。

英國工業革命與茶：勞工階層的大補丸

進入十八世紀，紅茶在英國已不只是上流社會的高級飲品，還進一步深入民間，特別在工人階層更是備受愛戴依賴。尤其工業革命全面展開後，企業主著眼於茶的提神振氣功效，開始在工廠內設下飲茶休憩時間——據研究，這一作為，使工人得以在單調重複的長時間工作中保持振奮與警醒。

此外，飲茶習慣的普及，茶本身素來卓著的殺菌效果，也大大降低了早年常因飲用水污染而引發的大規模痢疾流行率，讓人們在因工廠聚集而逐步林立的人口稠密城市中得以健康安居，成為工業革命的一大助力。

斯里蘭卡的Loolecondera Estate，是錫蘭紅茶的起源地，十九世紀中葉由蘇格蘭人James Taylor將印度阿薩姆的茶樹苗引入此地。

part 2

紅茶
門道

「紅茶也有茶道嗎？」一場紅茶發表會裡，有位學員如此問我。

「當然有囉！」我笑著回答。但凡是茶，從100克數千元的頂級大吉嶺、到一枚不到一元的速簡茶包，從單純基本的純紅茶、到得花上長長時間與多樣食材道具才能完成的水果茶，都各有其值得留心謹記的操作原則與方法。

然而，與日本茶道的儀式繁複、台灣茶藝的境界空靈不同，紅茶的沖泡，因著概念與特性上的直接率直且多樣紛呈，因而相對也分外隨興不拘泥。

所以，專注裡不忘自在、講究裡仍能隨心，才是真真正正的「紅茶道」。

沖茶
之道

基礎泡茶法的關鍵

如何才能沖出一杯好紅茶？在每個紅茶相關場合裡，這幾乎是每位初入門者最關切的問題。

沖茶當然是一門學問。雖說前面也提過，比起其他茶類來，紅茶的沖泡似乎顯得簡單隨性許多——而這也是我之喜歡紅茶的原因之一。但若能多一點講究、多一點專注，一些基本的、需要留意的原理與步驟多用心思，往往能得著意想不到的絕好滋味！

還記得，在我的每一堂初級紅茶課上，一步一步引導學員們按著正確步驟緩緩沖倒出一杯又一杯的紅茶時，「嘩，好好喝！」講台下此起彼落的驚嘆聲，著實令我會心微笑不已⋯⋯

而浸淫茶領域二十年，比之年輕時初初學茶之際的每一細節均執著鑽研錙銖必較，隨茶齡增長，卻是越來越率意隨心。因為漸漸發現，泡茶之道其實並不複雜，大概就是幾個關鍵因素：「水量」、「茶葉量」、「時間」、以至「溫度」的彼此消長變動、斟酌拿捏罷了。通曉、熟習基本概念原則，便能萬變不離其宗、單招一式走天下。

畢竟對我而言，茶即生活，龜毛講究太過委實太煩累、也不是我的素來個性；自在自得，俯拾皆是好味道。

以下，是我多方參考比較、加之多年嘗試累積後，所歸納出的基礎泡茶法：

舒坦的茶空間

嘗試在家裡，為自己尋找一方可以舒適泡茶、愉悅飲茶的天地吧！

其實並不一定需要特別刻意布置營造、也不見得要怎麼樣豪華漂亮。只要取水、燒水、倒水方便，茶器茶具擺放、取用順手，貯存茶葉的地方陰涼乾燥、沒有異味干擾；以及，可以舒坦坐下來好好喝茶的几椅。

最多，若再講究一些些，比方多點朗亮的天光、一扇看得出去的窗戶、幾本喜歡的書幾張悅耳的唱片……

就已非常足夠。

基本茶具

．茶壺

應選體型渾圓矮胖的茶壺，方能留予茶葉足夠的伸展空間。西方名瓷品牌有時在全系列餐具裡會出現兩只壺具，一高瘦、一矮圓，請留意高瘦者應為咖啡壺、矮圓者才是茶壺。

材質則以陶瓷為佳，保溫傳熱最穩定。金屬茶壺雖常見，但往往升溫劇烈，茶湯容易苦澀甚至泛酸；玻璃茶壺則除非是雙層玻璃打造，否則散熱太快，較難泡出厚度與扎實感。

早期市售茶壺通常以2～4人份量大小最常見。但近年來，獨泡獨飲風氣越來越興盛，故一人用小壺產品也漸漸普及。不妨多備幾種不同尺寸，以應不時之需。

此外，有些茶壺內附可取出的長筒形濾網，雖說沖泡、濾渣與清洗都更方便；但根據經驗，此類濾網多半太偏細瘦、空間不足，茶葉無法充分伸展活動，風味常隨之大減，最好盡量避免。

不過近來頗時興於壺身與壺嘴間巧妙設置濾茶功能：有的直接打上細細孔洞，有的則安插活動金屬濾片，貼心好用，是

家裡的零食櫃，收納的不是零嘴，是多年收羅而來的茶葉。

較佳選擇。

·量茶匙

量度茶葉的茶匙，在一般專賣紅茶具的地方均有售，一匙份量約2.5公克。但也可以自行在家尋找合適的茶匙，量度份量後替代。

·濾茶杓

形狀像一支短柄湯瓢，架在杯上濾去茶渣用。形式有許多種，可分為濾網狀或打洞型，前者較實用，很細的茶葉都可濾除，後者較精緻有氣氛。還可分為有底座、無底座、或是杓體本身與底座相連的。可依照自己順手習慣的形式來選擇。

當然，如果茶壺本身就有濾茶功能，此件道具就可以省去。但事實上，我自己還蠻偏愛這步驟，總覺得一手執壺、一手濾茶，看似較費工夫力氣，卻更多些悠慢情趣。遂還是保留不少無濾網或濾孔的茶壺，以能理直氣壯繼續使用濾茶杓。

·茶杯

最好呈寬口窄底形狀，杯內顏色則以白色為佳，方能彰顯茶色的金紅褐紅色彩與光暈。若飲純紅茶，我還喜歡杯壁薄一些的，品飲之際，更能因唇與手的輕撫，感受絕佳觸感。

·其他

茶匙、糖＆奶盅、保溫棉罩、托盤、茶壺墊、熱水壺、點心叉、果醬抹刀、點心盤、點心架、茶巾、計時沙漏、搖鈴（呼喚茶友們午茶時間到囉！）……可視個人需求逐步添購。

1. 木質量茶匙。

2. 金屬量茶匙。

3. 金屬網狀濾茶杓。

4. 茶壺保溫棉罩。

5. 三分鐘計時沙漏。

6. 奶盅。

1

2

3

5

4

6

基本紅茶沖泡法

· **準備動作**

認識你的壺：先用量杯測度水量，以決定未來泡茶倒水時應倒至多少高度。

一般而言，每3～5公克茶葉約需360cc左右的水，可沖出普通茶杯約兩杯份量的茶。（實際進入杯中每杯約150～160cc，其他則由茶葉本身吸收）。

若是一人壺，則以150cc水量計算。

· **煮水**

使用新鮮、不隔夜，甚至是剛剛從水龍頭流出來的水。通常軟水、也就是礦物質含量較少的水最能完整表現茶香。所以，若是所居住區域的水質不夠軟，建議可透過濾水設備，以求取較佳水質。

煮水時最好以一次沸騰為限，避免使用會反覆沸騰的設備煮水，以保持水中含氧量，泡出的茶滋味較鮮活。

置入茶葉前，先以沸水充分溫壺。然後，將溫壺的水倒入杯中溫杯。

· **置茶**

兩杯份茶壺約需3～5公克茶葉。一杯份小壺則約需1.5～2.5公克左右的茶葉。

可視情況增減茶葉份量。比方越是細碎的茶葉，因水與茶葉接觸表面積大，茶液溶出速度快且多，所以用量宜少；越是大片而完整的茶葉，水與茶葉接觸表面積小，溶出速度慢且少，用量可略增加。

其次，許多淡雅清香風格的茶，如春摘大吉嶺，其實茶葉用得少一點，反而香氣更能凸顯；端看個別口味、喜好與狀況

1. 溫壺與溫杯。

2. 置茶。

3. 注水。

4. 攪拌。

5. 濾出。

來決定。

但除非使用專門的電子秤，否則很難精確量度份量，一般多靠目測與經驗進行。基本上，較膨鬆、葉片完整的茶葉可多一些（於量茶匙上呈隆起狀態），細碎的茶葉則少一些（於量茶匙上呈平匙甚至略少狀態）。

· **注水**

全發酵紅茶需要足夠高的水溫才能充分激發出茶氣茶香茶韻。通常至少能達攝氏九十五度以上為佳。所以，最好在水沸騰後便迅速往茶壺裡倒，比較能夠獲取合適泡茶溫度。

但如果是較嬌嫩、嫩芽較多的茶，溫度低點無妨。我自己便常視茶葉狀況稍微降溫泡茶。

於壺中倒入熱水時，盡量不要從正中央注入，讓水柱稍微偏斜於壺口一側，有助於讓茶葉於壺中漂亮旋轉，激盪出美妙的香氣。

基本浸泡時間為3分鐘，可視茶葉性質而定，細碎者時間短一些（2～2.5分鐘），完整而葉片大者時間可略長些（3.5～4分鐘）。可使用計時器或沙漏協助計時。

· **倒出**

一手執壺、另一手執濾茶杓濾去茶葉。使用濾茶杓請保持良好習慣，不要將茶杓架於杯子上、致使杓體碰觸茶湯。

原因在於，若是多人一起相聚喝茶，反覆沖倒狀態下，很難避免彼此喝過的茶湯相互沾染，不太禮貌。

且因倒茶過程中，茶葉仍繼續浸泡溶出，遂動作宜輕緩、不疾不徐，如果茶壺開口大者可以倒慢一點，開口小者倒快一些。

若需分倒多杯，為使各杯濃淡統一，根據英式泡茶禮儀，倒茶前可先輕輕旋轉搖晃一下壺身——但我自己覺得成效不大。

我的方法是：費工點，便參酌中式工夫泡茶法，先全部倒入另一個茶壺，再分杯倒茶；省力點，則於倒茶前先以一柄細長茶匙於壺內輕柔攪拌一圈，確保倒出來的每杯茶滋味能夠大概一致。

倒茶時，不要一次倒滿，每杯依序先倒一半，再反向倒回來，濃度更均一。

然後，非常重要是，一定要一滴不剩全數倒出來！

最後幾滴茶湯，經過充分浸潤後，公認是整壺紅茶的精華，茶界甚至有所謂「Golden Drop 黃金一滴」的說法，萬萬不要輕易浪費掉。我自己便一直很享受著，執壺靜待、同時悠悠欣賞這黃金一滴顫危危從壺嘴滑落杯中，剎那間整杯紅茶的顏色光澤瞬間改變的美景。

一滴落下，香氣四溢。如是，就泡好一杯好紅茶囉！

· 回沖

喝完第一壺後，若想再續一壺，可依前述步驟，將沸騰的水再次沖入壺中。但浸泡時間可再多加1～1.5分鐘。

第二泡茶的滋味通常會較淡、香氣較不明顯。遂而，若希望能夠多續沖幾回，在第一次泡茶時便可將茶葉量略增、浸泡時間略縮短，以為第二、三泡保留下多一些回味的餘地和空間。

茶包沖泡法

　　使用茶包泡茶總難免給人一種無奈匆匆的草率感,頗有幾分因陋就簡意味。

　　然而,茶包之方便迅速、讓人不費吹灰之力三兩下就可輕鬆享用一杯茶,卻也是不可抹滅的優點。而且近年來,越來越多茶品牌精心調製出品的茶包不僅所用茶葉品級頗高,且在香氣、口感等各方面都有不錯的表現,值得一試!

　　而事實上,只要在沖泡順序與動作上稍微注意,往往也能擁有出乎意料之外的好味道:

・水量

　　一杯份茶包的茶葉量一般約在2公克上下,茶型則多半偏細碎,所以水量可控制在200cc左右。

・沖茶

　　先溫杯、再於壺或杯中倒入沸騰的水、最後才放茶包。如是,可使茶包和茶葉不被水柱擠壓,擁有更多膨脹的空間。若袋內茶葉細碎,沖泡時間約2分鐘即可。若葉型較大,則可稍拉長一分鐘時間。過程中加蓋稍悶一下味道更好。

・取出茶包

　　泡好後可捏住標籤、將茶包於杯內搖晃一圈,讓茶包在茶湯中略略旋轉使之均勻,再拎出液面靜待滴乾即成。千萬不要使用茶匙或任何工具匙擠壓茶包,以免出現澀味。

紅茶的品飲

紅茶怎麼喝？——看似無稽的問題，卻自有講究與道理在其中。

當然我一點也不想在此傳授那種反覆又吸又漱、各種評鑑術語齊出的專業品鑑法。對我而言，紅茶是常日生活之樂，輕鬆悠然以對，才是真正徜徉之道。

但在享用的每一細節過程裡，若能時刻留心其中每一微妙變化與差異，專注於感官上正不時發生著的種種美好，往往能讓這樂趣更加清晰、深入。

甚至，因此記下每一杯茶所曾帶來的感發與觸動，這樂與美好，也能更恆久綿長。

以下分享我沿襲多年，不僅在課堂上教習、同時也陶然樂在此中的品飲方法。可分為「色、香、味」三個歷程：

茶色

喝茶之前，可先「觀其色」。所謂色者，指的是茶湯的外觀：顏色是綠黃、金黃、金紅、亮紅、豔紅、還是暗紅、褐紅？質地是清澈、清透、還是深沈、暗濁？

不同樣貌，往往透露不同產地、類型、口感訊息：比方海拔是高是低？葉型是完整還是細碎？芽葉多寡？發酵程度？口味濃淡？……均可在入口前先有概念。

茶香

聞香，是整體品飲中極享受的時刻。將鼻尖湊進液面，深深吸氣嗅聞，可感覺到各種香氣撲鼻而來，此時，不妨回想腦海中既存的各種香氣記憶，嘗試定義你所聞到的：

是花香、果香、草香、堅果香、穀物香還是木質煙燻香？甚至可進一步使用各種實際存在的事物以做形容：比方葡萄、蜜瓜、水梨、熱帶水果、麥芽、肉桂、薄荷、玫瑰、蘭花、森林、苔蘚……

具體形容香氣的最大目的是為了幫助自己認識、牢記這杯茶的各種特質，為品飲之路留下清楚可依循的軌跡。

茶味

將茶含入口中，輕輕轉動舌頭，讓茶遍佈口內每一角落，以能充分掌握各種風味。整體辨嚐過程又可再細分為三階段：「滋味」、「口感」、「餘韻」。

首先，細細感受茶之滋味，是甘、甜、苦、酸還是澀？同時借助鼻後嗅覺，再次體會，剛剛在聞香階段時所感受到的那些香氣，有哪些在此刻也同時綻放，甚至更多？

然後口感。這是較接近於口內觸覺的作用：是濃稠、飽滿、扎實、沈重？還是輕盈、清淡、纖細、柔和？

餘韻。當茶汁全部嚥下，且讓我們安靜片刻、細細領會，留存舌齒與喉間的餘味究竟如何？是短暫倏忽而逝、還是綿綿悠長繞樑不絕？是雍容清芬、舒服得還想再多來幾杯？還是漸漸有不雅不適異味異感陰惻惻浮現？

我始終覺得，這是整體品味過程中最曼妙的部分了！強烈的香氣與味道或者能夠造成一時魅惑，唯有餘韻，才真正高下好壞無所遁形。

迷人的
沖調

從冷到熱的變化樂趣

　　紅茶的最大魅力，在於它開開闊闊的寬容度——熱飲純喝之外，以不同方式沖調、甚至和其他美味物事相搭配，不僅都很容易水乳交融，更往往衝擊出意料之外的迷人火花。

　　我自己呢，喝茶多年後，可以直截領會感受茶之本來香氣滋味的純喝與熱飲自是最愛，已經成為日常生活裡如同陽光空氣和水一樣理所當然的飲法，也是我與每一產區、產季、茶款初相遇之際的必然方式；然而，隨心情、味蕾與日日不同生活時段需要，追求更多更豐富的變化，也別是另番盎然樂趣。

紅茶寬容度極大，純飲固然迷人，沖調亦可有無數種變化，無論冷熱，都可以隨心之所向自由變化，讓人日復一日沈醉其中。

冷泡茶

回想起來，距離2002年仲夏第一次在個人網站上提及冷泡茶、繼而掀起一波波狂潮至今，竟有十數年以上時間了。

到現在，冷泡茶早成我夏日裡不可或缺的飲品，每每從初夏甚至暮春「開泡」，數月裡一壺接著一壺，消暑解渴佐餐俱相宜；要一直到初秋天氣涼了才依依不捨退場。

喜歡冷泡茶的原因首先在於方便簡單：比起一般熱水泡茶，冷泡法不僅寬容度極大，大多數茶葉都合用；且失敗率極低，唯一所需只是等待，幾乎沒有什麼技巧門檻，更無泡熟泡壞泡出澀味之虞，任誰都能輕輕鬆鬆信手拈來。

最讓人無從抵擋是，冷泡法特別能夠完整萃取茶中精華，茶氣茶香茶風茶味茶的表情茶的脾性歷歷清晰分明，非常享受！

所以此刻，且來整理多年累積經驗與歷來文字討論記錄，做一次完整公開吧！

·水量＆茶葉量

因應市面上大多數冷水壺的容量與日常飲用速度，我通常一次製作一公升的冷泡茶。約需1000ml的冷水，茶葉10～15公克。

·茶葉

幾乎大多數紅茶都適用冷泡法。但由於冰涼飲用一般多偏好清爽明亮的口感，遂總覺清新調子的茶葉似是更對味。所以，如印度大吉嶺、春摘尼爾吉里、錫金、錫蘭的努瓦拉埃利亞，以及台灣的條索型台茶18號紅玉，以至蜜香紅茶、阿里山紅茶等小葉種紅茶……都十分合適。

· 步驟

　於容器中放入茶葉，沖入冷開水，加蓋。靜置室溫中約4～6小時，待茶葉充分舒展出味，濾去茶葉。

· 冰鎮

　置入冰箱冰鎮至沁涼，即成。

Yilan's Tips

1. 還有另種泡法是，一開始就放進冰箱，隔夜或8小時後再濾去茶葉。但經多次嘗試發現，浸泡溫度過低常使茶香茶味釋出不足，所以我個人還是比較傾向喜歡室溫泡法，事後再冰鎮。

2. 常有茶友問及「洗茶葉」的問題，認為直接冷水沖茶似有安全疑慮。關於這點，我向來視泡茶時的第一道預沖為「溫潤泡」而非「洗茶葉」，目的是讓揉捻較緊實或大片的茶葉稍微舒張，茶味更能釋放。事實上，大部分的碎型與條型紅茶並不需溫潤泡，尤其冷泡茶因浸泡時間極長，更可跳過這步驟。若有擔憂，則盡量選擇自己能安心的茶葉來源即可。

3. 當然也可使用茶包，步驟方法一樣。雖說平素在家，我還是最喜歡以散茶冷泡，一如我在文章裡課堂上經常強調的觀念：讓茶葉自在舒展，味道最棒！但以便利性而言，茶包還是強得多。 我在旅行中一定都以自己攜帶的茶包自製冷泡茶：把茶包稍微捲一下，塞入旅館提供或街邊買的瓶裝水中，泡好後將茶包取出即可，省錢好喝又放心！

4. 冷泡茶趁鮮飲用為佳。冷藏狀態下最好約在三四天內喝完，香氣足、也較無變質疑慮。

5. 除了純飲，冷泡茶也是調製其他消暑飲料的最佳基底：泡好後以1：1比例對上鮮榨果汁、加入百香果肉、投入或擠入檸檬或金桔、調入果醬……變化創意無限！

冰茶

愛茶如我，夏季，毫無疑問是我的冰茶季；揮汗如雨的暑熱天氣裡，真沒有比狠灌一杯冰透了的好茶更沁涼暢快了！

前文曾提過，冷泡茶當然是第一主角，然此之外，以冰塊急速冰鎮的傳統冰茶製法，在我的茶生活裡還是經常上演。

畢竟，冷泡茶法固然輕鬆容易、但需時頗長，一旦庫存耗盡卻又突然想喝，便難免萌生遠水救不了近火之憾。這時，只要冰塊存量夠就可以隨泡隨沖隨倒隨喝的冰茶便能立即登場救援。 尤其急速冷卻而成的冰茶，茶味強勁鮮冽，散發著充滿稜角的個性和芬芳，自有其無可取代的魅力。

・水量＆茶葉量
水量如常，茶葉量則提高到一倍半到兩倍比例。

・步驟
依基本沖茶步驟沖茶；沖好後，在玻璃壺或杯中滿裝冰塊，將熱紅茶倒入，攪拌均勻，即成。

Yilan's Tips

1. 也可如台灣街頭巷尾風行數十年的手搖茶飲般，將熱茶與冰塊一起置入搖酒器中，快速震盪搖晃使之冷卻。只不過此舉風味雖佳，居家操作卻略顯費事，所以我還是偏愛老方法。

2. 沖調冰茶過程中，比較需要留意的是偶而出現的濁化狀況：將燙熱茶湯往冰塊上急倒之際，有時會從底部開始漸漸混濁、繼而擴散全杯，雖說對味道並無太大影響，卻頗有礙觀瞻。且一旦濁化便幾乎無計可施，唯一解法只有倒入牛奶或果汁改沖成冰奶茶或果茶，勉強「遮醜」了事。

發生原因推測主要跟紅茶中的單寧有關。太細碎的茶葉由於單寧釋出量大，降溫過程很容易導致濁化；尤其再加上使用濾杓過濾茶葉時，茶湯進入紅茶的順暢度受阻，發生率更高。

對此，個人經驗是，只要盡量使用葉片較大較完整的茶葉沖冰茶，多半就可以避免。特別碎茶葉沖出的茶通常澀味極

強，用以沖製奶茶固然香濃，但若是冰茶，除非猛下糖，否則即使以再多冰塊沖淡，也很難順口好喝，少用為上。

3. 另一需得多留心斟酌處是，濃度。茶湯太濃口感不清爽、冰塊太多則又顯得寡淡。對此，近幾年來琢磨出的另一新訣竅是——以圓球大冰塊沖冰茶！

飲用加冰威士忌時得來的靈感：冰塊夠大，與茶接觸的表面積少，相對融化較慢，可以保留更多茶味茶香。

多虧威士忌的盛行，現在已經很容易買到圓球製冰模，加水後放入冰箱待其結凍即可。謹記，冰凍時間越長越好（稱之為「老冰」），凍得越硬越結

實越經得起熱茶的沖擊，融化速度越慢，效果越佳。

4. 冰茶做好，純飲已夠沁爽。當然，和冷泡茶一樣，可視個人喜好調入糖、蜂蜜、檸檬、果汁以至各種喜愛的素材，冰涼美味舒服迎夏。

奶茶

幾乎已經成為一種難以戒飲的習慣了！我的每一天幾乎都以一杯奶茶為開啟。因此，如何沖出一杯完美奶茶，也成為我格外專注探究的課題。

·水量＆茶葉量

和冰茶類似，由於還須兌入牛奶，所以謹記把茶沖得濃一點：將茶葉量提高到至少一倍半到兩倍以上、或把水量減少一半，再依基本沖茶步驟沖茶即可。

·茶葉

適合沖泡奶茶的茶葉，通常以味道濃郁強勁的茶款為佳。比方單品產地茶裡，如錫蘭烏巴、印度阿薩姆、福建正山小種等都十分合襯；混合茶方面，英國早餐茶、伯爵茶則是絕佳奶茶良伴。

比種類產區更重要的是茶型：盡量選擇細碎的茶葉，如BOP、BOPF、或CTC等級茶款，都比葉片大而完整的茶葉要更能沖出濃醇飽滿的滋味。很多時候，即連一些質性偏向清芬的茶葉，只要茶型夠細碎，往往也宜於奶茶之用。比方台茶18號紅玉紅茶，條索型大葉片者純飲甘雅不澀，但若為BOP等級則風味強勁，能與牛奶相得益彰。

·牛奶

當然一定要是鮮奶，喝奶茶多年後，我已無法忍受任何的人工奶精或保久乳。

毫無疑問，越是乳脂肪含量高、品質精良的鮮奶，越能沖出好喝的奶茶！我通常選擇純天然無添加、來自口碑好的單一乳源牧場、H.T.S.T. 速溫殺菌鮮奶，比高溫殺菌風味更自然柔

雅，不膩口不搶味、與茶香相得益彰。當然，若能得65℃以下長時間低溫殺菌鮮乳更佳。

牛奶的用量則可視個人喜好與牛奶濃度調整。我的習慣比例是茶與牛奶約在1：1或2：1之間。

牛奶溫度方面，根據觀察，英國人多半使用冷的牛奶，歐陸則稍微熱一點。我比較喜歡溫的牛奶，感覺奶香足且暖和，喝著格外舒服。沖泡前加熱至手觸摸容器外壁、覺得溫熱程度即可。

・茶先？還是奶先？

這可是自古以來爭論不休的經典奶茶話題——到底是先倒牛奶好，還是先倒紅茶比較對？

這兩派還存在著極有趣的稱呼：贊成先加牛奶者，稱為MIF（milk in first），贊成先倒紅茶者稱為MIA（milk in after），各有各自的立場與觀點，壁壘分明誰也不讓誰，非常有意思。

我自己則經過多年嘗試，漸漸傾向MIF：且是先放糖，再倒溫牛奶，最後才沖入滾熱的紅茶。私心覺得在這樣的步驟下，不僅因能確實保持紅茶溫度而更激發出濃醇茶香與奶香，紅茶的澀味似乎在牛奶的溫和包裹下也變得柔和。

後來，更在分子廚藝學界代表人物Hervé This教授的著作《鍋裡的秘密》中找著了擁有充分科學理論立足根基的解答：

根據Hervé This教授的研究，奶茶之所以美味是因牛奶中含有可抵銷茶的苦澀味的蛋白質；因此，若將牛奶加入滾燙的熱茶裡，蛋白質會因過熱而變性失效；反之，將熱茶注入牛奶中，二者混合過程中、牛奶受熱溫度較低，蛋白質仍能有效作用，自然比較好喝。

難怪，我之多年來始終忠貞不二歸屬MIF門下，果然其來有自！

鍋煮奶茶

在我的眾多茶譜裡，被讀者們問起最多次的，毫無疑問，應非「鍋煮奶茶」莫屬。

不過是簡簡單單一道常日晨間飲品，然不知是否因這溫暖平易況味分外撩動人心，十數年來，無論在臉書、微博，抑或在演講場合與PEKOE講堂上，每每提及，總能獲得無數共鳴。

然有趣是，回想起來，從最早戀上紅茶開始，比起純粹沖泡而成的奶茶來，鍋煮奶茶卻一直到比較後期才加入我的日常茶飲行列。

我想是早期受到一些標榜一滴水都不加、百分百牛奶烹煮出來的奶茶味道影響吧！始終無法喜歡那樣的奶茶，總覺得誠意雖夠，然茶香被牛奶壓抑得有點滯悶，而奶香呢，則在高溫下多少顯得失色；喝來只覺甜澀濃膩、單調平板難能滿足。

遂而足有好長時間，我都還是執拗地只肯以沖泡方式喝奶茶。

直到讀了幾則日本紅茶書裡的鍋煮奶茶食譜；加之印度行旅時深深戀上了那個性分明、濃得香得極猛烈豐醇奔放恣意的現煮印度香料奶茶……

最重要是，遇上了幾只好鍋：包括柳宗理不銹鋼單手鍋、月兔印的單手牛奶鍋，實在太著迷著，在早晨初醒時分，手執這形體與手感均美妙非凡的鍋，在爐上悠然烹出滿室芬芳的感覺……

比起一般奶茶來，小鍋裡高溫煮就的奶茶，茶香奶香皆濃厚，風味口感奔放有勁道，一喝上癮。於是，就這麼愛上了，一週裡總要煮好多次，怎麼也不膩。

尤其我的鍋煮奶茶作法極單純、步驟少少不過二三；熟練的話，短短數分鐘就能完成，比其他茶法都來得省時省事。

然煮法雖簡，其中卻有些撇步，是一年年一日日一次次反覆調煮，慢慢琢磨領會出來的。只要少許留心，成果截然不同。

所以，就在此從材料、煮法、以及最重要的訣竅一次全數公開，與眾位茶友們分享：

·材料（2人份）

水250ml、茶葉5g、牛奶250ml、蜂蜜1～2小匙。牛奶與茶葉類型之選擇可參考前章奶茶篇所述。

·步驟

1. 水倒入小鍋中煮至沸騰，轉小火，投入適量茶葉略煮至茶味、茶香與茶色散發。
2. 倒入牛奶，慢火煮至溫熱後隨即熄火。加入適量蜂蜜，拌勻，濾去茶渣、倒入杯中，即可享用。

Yilan's Tips

1. 再次叮嚀：除非用的是如CTC或Fanning等非常細碎耐煮的茶葉，否則，請一定從煮水開始，而非將茶葉直接倒入牛奶中開煮。原因在於，牛奶本身濃度原就頗高，會使茶味茶香無法完全釋出，加之久煮奶味容易過濃過膩，白白可惜好茶。

2. 步驟1的煮茶時間千萬不要太久，以免苦澀，視葉片大小而定，細碎者約30秒，葉型完整大片者1～2分鐘已足夠，只要見茶色轉深即可進入下一步。

3. 倒入牛奶後千萬不要任其沸騰，覺得熱度夠了——我自己通常習慣在攝氏六十至七十度間就熄火，以免減損奶香、使奶味轉為厚重。

4. 為了盡量避免釋出澀味，過程中不要頻繁攪拌，請耐心等到起鍋前再輕輕幾下拌勻即可。

5. 調味部分，蜂蜜以外當然也可加糖——可提早至與茶葉一起入鍋，溶解更勻順。若有香料、果乾等耐煮且較需入味的素材，也可於此時加入。

6. 牛奶之外，也頗愛用無糖豆漿。一定選的是小型豆腐工坊研磨製作的上品，入鍋快煮成豆奶茶；茶氣、豆香清芬，綻放出有別於傳統奶茶的、樸素扎實的醇美，甚是迷人。

7. 也曾用過杏仁奶與糙米奶、燕麥奶煮茶，穀米麥香、奶香、茶香和諧交融，其特有之質地更讓奶茶顯得格外濃稠香美，不妨一試！

1. 水沸後置茶。

2. 注入牛奶至溫熱。

3. 熄火加蜂蜜。

4. 拌勻。

5. 濾出。

奶泡茶

Tea Latte、Teapuccino、茶拿鐵、茶那堤、茶不清楚、泡沫奶茶、奶泡茶……其實不過是極單純茶+牛奶和奶泡的一杯飲料，卻四方流傳著各式各樣的名字。

然不管呼之何名，毫無疑問，也是我常日居家常飲愛飲的一系。

時間當然是早上──已經養成必然習慣了！我的晨間飲料，每每就這麼一日日行禮如儀照章輪替著：一日鍋煮奶茶、一日拿鐵咖啡、一日奶泡茶。

當然飲食口味上始終不停追新喜變的我，所用茶葉種類款式自是百花齊放變化多端，但沖調形式卻極固定，一大杯熱騰騰飽飽暖暖，是一天裡最愉悅滿足的開啟。

最早開始迷上這奶泡茶，起於十數年前國外旅行時，偶然買得了一支電動打奶泡器，只要將尖端伸入牛奶裡，輕輕撥動按鈕，便能以超高轉速飛快將牛奶打發成綿密的奶泡。

初時原本只用來製作卡布奇諾與拿鐵咖啡，但素來熱愛奶茶如我，很快地就把腦筋動到茶飲上頭去。

那時節，坊間咖啡館茶館裡類似飲品其實並不多見，遂而難免多費了些摸索嘗試工夫，包括奶泡的質地、溫度，茶、牛奶與奶泡間的比例，以至和不同茶類的搭配等等。卻是很快就琢磨掌握了竅門，陶陶樂在此中。

後來家裡添置了全自動義式咖啡機，只消奶罐裡填入牛奶、動動指尖按下按鈕，便能迅即打好一盅漂亮奶泡。自此，我的晨間奶泡茶製程不僅更加輕鬆，用以盛裝的杯具形式也不再受攪打所需高度之限，高矮胖瘦圓長儘可以自由開闊任選任配。

說來，相比於傳統的、直接調和紅茶與牛奶的奶茶，以奶泡取代牛奶後，因裡頭飽含的滿滿空氣，牛奶既有的厚重感

消失了，彷彿雲一般的質地，整個味道口感瞬間輕盈透亮不少；且牛奶的芳香與細膩，反而更加清楚鮮明。

尤其品飲時，若能謹記不先攪拌，小心以口就杯，以舌尖從杯緣透過奶泡輕輕將下頭的液體啜起——由於之前傾入茶汁的刻意小心，奶泡下的牛奶與茶還仍維持個別分層狀態；因而啜飲之際，先喝到的是清冽微澀微甜的茶液，之後奶香奶味逐漸清晰，最終，方以茶乳交融和鳴的濃郁芳醇作收。

宛若一首精心鋪陳醞釀的悠揚樂曲，每一段章都有不同迷人表現，非常過癮！

多了空間多了餘地，有了空氣有了呼吸，便是另一重海闊天空。——每每愉悅享用奶泡茶時，我便油然萌生這樣的體悟。

留他餘裕，便是給自己空間。

常常，生活裡人生裡的滿足與領悟與學習，就在這些小物小事小日子小時刻中，悠然浮現。

· 材料（1人份）

沸水150ml、茶葉2.5公克、紅糖適量、牛奶150ml。

· 茶葉

由於奶泡在口感和質地上的清亮清爽，適用茶葉類型比之一般奶茶來要來得更寬廣：適合奶茶的茶類如阿薩姆、錫蘭烏巴、大吉嶺秋摘、伯爵茶、英國早餐茶……之外，連原本偏向清淡的茶款如大吉嶺春摘夏摘、尼爾吉里、努瓦拉埃利亞、花草調味茶等，因著奶泡的一點不搶味壓味，不僅脾性上十分和合，更往往激盪出既清新又馥郁的迷人新滋味。

· 步驟

1. 於茶壺中放入茶葉與紅糖，沖入沸水，加蓋浸泡約4分鐘後，輕輕攪拌一下。

2. 等候泡茶的同時，選一隻修長的馬克杯，杯裡倒入溫熱的牛奶，以電動打奶泡器直接就著杯子將牛奶一口氣打成漂亮奶泡。

3. 從杯緣將泡好的紅茶，以盡量不破壞奶泡完整度的輕緩動作徐徐倒入杯中，直至奶泡慢慢往上鼓漲成賞心悅目飽滿好看的圓弧形，即成。

Yilan's Tips

1. 若使用咖啡機或奶泡壺打奶泡，則步驟2改為直接將奶泡與牛奶注入杯中即可。

2. 以濃醇的無糖豆漿取代牛奶，又是另重不同風味，不妨一試。

水果茶

　　我想，和我年齡相近的朋友，應該多多少少記得，有那麼一味茶品，曾經席捲台灣咖啡廳咖啡館，飲料單上之當然必備，甜蜜貴氣，無人不愛——那是，水果茶。

　　當然，時移事往，這麼多年下來，這一味不僅早已不在飲食風潮前線上了，甚至還從一度過時裉流行，轉而成為沾染懷舊色彩的往日茶品；每每朋友間提及，便定然惹來一番慨嘆，宛若白頭宮女話當年，一個個唏噓懷念不已。

　　但坦白說，那時節，其實市面上的水果茶大多數並不十分討我的喜歡；除了幾處鳳毛麟角認認真真新鮮水果烹成的好茶外，其餘，盡是濃縮水果糖漿草草煮就，黃澄澄湯汁裡頭丟一兩只便宜茶包、幾片應景金桔蘋果柳丁檸檬片了事；味道濃濃甜甜假假，總是喝得我猛皺眉頭。

　　因此早在大學時代，我就已開始在宿舍裡用小爐子自己炮製水果茶。方法極陽春簡單，幾樣新鮮水果、幾枚金桔，玻璃壺咕嘟咕嘟滾沸一陣，滋味雖平常，但同學們總是捧場地連讚好喝，遂而心上也跟著甜滋滋得意起來。

　　後來，定居台北開始工作，終於擁有了自己的小小廚房，滿懷興奮新鮮裡，什麼中西料理甜品甜點，都一道一道找了食譜來按圖索驥爐台上模擬試作。

　　其時，對廚藝正當旺盛的好奇冒險心態使然，執迷著在技巧、材料上變化堆疊各種講究；遂而，我的水果茶譜，幾經考察取經切磋琢磨，竟也跟著一年年增生繁衍蔚然發展得步驟方法森嚴複雜，大夥兒總笑我，簡直煲湯一樣費火費工：

　　比方必得先以蘋果與鳳梨等酸度高、果香馥郁、質地紮實的水果切丁熬製茶底，充分入味後，傾入少許鮮搾柳橙汁葡萄柚汁，等到再次滾沸，再倒入至少兩三種不同風味的紅茶葉（比方錫蘭、大吉嶺、阿薩姆等風味雅正的單品產地茶葉一二

種，伯爵茶、果香茶、花茶等散發辛香果香的調味茶葉一二種……）；熄火，待茶湯呈現濃淡適中的金黃顏色，即濾去所有渣滓，盛入漂亮透明茶壺中。

待客之際，還常頗費工夫地佐以預先用蜂蜜與連皮細切成丁的金桔、金棗蜜漬而成的桔醬；先一小匙舀入杯底、沖入熱茶，稍事攪拌浸泡方才飲用。多元多重層次氣味，飽滿甜蜜好喝，成為另一半與好友們每逢冬日便要再三索討的私房人氣茶飲。

說來有趣是，那時期，偶然看到某國際茶品牌徵求創意茶方，首獎可得台北倫敦機票一張。大獎誘惑下，我還以這水果茶譜為基底，重重修飾包裝改頭換面後送出參賽，沒料到竟一路過關斬將到決賽、繼而僥倖掄元，從此為我的水果茶博來「冠軍茶」戲稱。

只是後來，一年年迷茶愛茶日深，益發偏愛茶的本來面目本來滋味，不忍多作綴飾妝點。再加上從事飲食寫作工作日久，於家常食物烹調上也越來越傾向清簡隨心；遂漸漸就把這道茶品拋諸腦後，即便想喝點果味茶，也往往一壺熱騰騰好茶、切一顆百香果或溶入一匙手製果醬，便已無限滿足。

直至此回出書前，出版社寫樂文化總編輯嵩齡力勸，何不趁此機會，讓這水果茶譜再出江湖？

於是，備好材料、扭開爐火，重拾舊日回憶，我又再度煮起了水果茶。當然，依隨此刻心境口味，再無法如過往般多工濃厚了。好在檢視作法後，稍微減去一二、去蕪存菁，似也還不算太繁複。熱騰騰上桌，一杯飲盡，果然酸甜甜香蜜蜜一如往昔。好個，懷念青春之味哪！

·材料（6人份）

1. 茶葉：10～15公克。可依喜好調和一至數種自由搭配。
2. 茶湯：蘋果1粒，去皮切小丁

   鳳梨1/4個，去皮切小丁

3. 調味：金桔5粒，切小丁

   金棗5粒，切小丁（可以金桔或檸檬取代）

   蜂蜜適量

· **步驟**

1. 把蘋果丁、鳳梨丁置於鍋中，加水約4～5杯，待沸騰，轉小火慢熬約20分鐘，轉大火。

2. 再次沸騰後，加入茶葉，熄火，輕輕攪拌，待湯色漸呈漂亮的金褐色後，濾去茶葉果丁，將煮好的茶湯傾入茶壺中。

3. 趁熬煮茶湯時，把金桔丁、金棗丁與蜂蜜混合拌勻，置於大碗中。

4. 享用前，先舀少許混合好的金桔金棗蜂蜜調料置於茶杯底，再傾入熬好的茶湯，攪拌均勻後，即可飲用。

Yilan's Tips

1. 關於茶葉，目前我最喜歡的配方是大吉嶺＋錫蘭汀布拉＋伯爵茶，馨香芳醇，非常好喝。

2. 也可將平日削水果剩下的鳳梨心、蘋果核等收集凍存起來，用以熬煮茶湯，廢材再利用，一樣美味！

3. 夏天時，可以多沖煮一些，濾去茶葉與桔丁，冷卻後置入冰箱冰鎮，沁涼甜蜜，分外消暑。

1. 水果切丁。

2. 加水慢熬20分。

3. 置茶、熄火。

4. 濾茶。

5. 調醬。

其他調味元素

除了手法上的沖調變化之外，單單是不同調味元素一起加入泡煮，也可使紅茶擁有更多元多樣的風貌。

一如前文所言，無比遼闊的寬容度，正是紅茶的最大魅力所在；只要多用心思與創意，紅茶的享樂可能性無窮無限！

·糖

最基本最常見的，當然是加糖囉！我偏愛未精製的紅糖，豐富飽滿的蔗香與溫煦的潤甜，美味倍增；黑糖或是楓糖，甜得雄渾粗獷；更奢侈些，則如來自日本、一般專用做高檔和果子使用的「和三盆糖」，整個茶體都突然間為之輕盈起來的醇美甜柔感覺，非常優雅！

·蜂蜜

不同的蜂蜜、散發著不同的風味，比方草花之蜜（如石南花蜜、咸豐草蜜、蒲公英花蜜）的輕柔纖細，樹花之蜜（如洋槐花蜜、椴樹花蜜、菩提花蜜）的優雅中帶著個性，水果花之蜜（如荔枝蜜、龍眼蜜、柳橙花蜜）的果香悠揚，香料香草花之蜜（如薰衣草蜜、迷迭香蜜）的鮮明有力，堅果花之蜜（如咖啡蜜、栗子蜜）的堅實微苦……

以至由來自樹而非花的甘露蜜（冷杉蜜、栗樹蜜、松樹蜜）的雄渾豪壯，都使紅茶丰姿更多變多端。

·香草

如薄荷、洋甘菊、薰衣草、玫瑰、紫羅蘭等香花草都可取以入茶，新鮮者清香清爽、乾燥花草則馥郁襲人，都是紅茶的絕佳良伴。

·香料＆果乾

還喜歡適度添加一些滋味較濃郁暖熱的香料或果乾，如薑、荳蔻、丁香、肉桂、香草、可可、紅棗、桂圓等等，都十分速配。

尤其用以沖煮奶茶更是合味。比方膾炙人口的印度香料奶茶（Masala Chai、也稱Masala Tea），便是以細碎濃重的茶葉、牛奶以及研成粉末的胡椒、肉桂、薑、荳蔻、丁香、大茴香等香料和糖調煮而成，濃郁辛香，是重口味奶茶愛好者的最愛。

·酒類

如白蘭地、咖啡酒、蘭姆酒、威士忌等酒類和紅茶便頗相和合。偶爾酒宴裡出現香檳或多果香的白酒，我也常刻意留一些下來，倒進餐後的紅茶裡，整個紅茶頓然洋溢著酸香微醺的香氣。還喜歡著將白蘭地酒漬水果連酒汁和果物一起加入紅茶中，那迷人的果香酒氣，讓人傾倒不已。

除此之外，酸度甜度鮮明的甜白酒或冰酒，傾入紅茶後，整個湧現的習習蜂蜜和熱帶水果香，叫人怎能不沈醉？

選購與
保存

好茶百千，你取哪瓢飲？

一直以來，不管是接受採訪、紅茶課堂上、或是演講場合
的提問時間，總有人問我，如何選紅茶、挑紅茶？

確實即連我自己，早年初入門之際，第一次踏入專業紅茶
店，乍見琳瑯滿目數百種茶葉在眼前一字排開當口，那種暈頭
轉向手足無措的慌張感，記憶猶新。

好在之後多年，見多喝廣、也開始走踏產區，越來越熟稔
熟悉後，也漸漸掌握了一套法則，逐步得心應手。

尤其開了PEKOE食品雜貨鋪，選茶竟然成為季季甚至月月
都要面對的吃重工作：從台灣、印度、斯里蘭卡……時不時都
有新茶季來到；得不斷從動輒數十款茶樣茶盅裡，細細觀察品
試琢磨其中差異，選出真正欣賞心儀者來。

對愛茶如我而言，過程雖有艱辛，然能持續被這許多各式
各樣各見千秋的茶香茶味茶氣包圍，分外樂在此中。

這裡頭，最重要是，得先建立一套獨屬於自己的審美立場
與觀點：

首先自問、釐清，喜愛的、追求的是什麼樣的茶？——濃
的淡的？花香的果香的？早上喝的午后喝的晚上喝的？純飲還
是加奶加糖加其他調味？

畢竟世間好茶無數，雖不見得單只能取一瓢飲，但也絕
對不可能一時半刻全數擁有、喝盡，有稍微明確的範圍與目
標，方不致在汪洋茶海中茫茫迷了方向。

走入茶店前，以下幾點不妨先留意：

1.分類

通常在茶專門店展售的茶葉可粗分為產地單品茶與混合茶，前者指的是直接以產地諸如大吉嶺、錫蘭、阿薩姆、肯亞……等地為標示的茶葉；混合茶則如早餐茶、伯爵茶等由不同產地、種類的茶葉或其他花果香料相互混合而成。

雖說一般在國外，多會建議初入門者可從口感較愉悅可親的混合茶入手；香氣味道偏向純粹精微的單品產地茶，則更適合進階級茶友涉獵鑽研。但我認為，身為產茶國度子民的我們，悠久飲茶文化下薰陶長大，對茶滋味早已無比熟習，故而應不受此限，還是以個別愛好為取決標準。

以我來說，除了基礎的新鮮度、保存得宜等本身品質範疇外，我喜歡的是，能充分表現固有之產地莊園地域風土特色與製茶傳統的茶：

大吉嶺的縹渺清逸、錫蘭烏巴的濃烈剽悍、台茶18號紅玉的豐潤爽醇、正山小種的優雅煙燻習習，春摘的清新、夏摘的飽滿、秋摘的厚實……。至於混合茶，則希望素材俱由來天然且風味調配和諧均衡，充分表現茶款與品牌特色和個性。

2.型態

依茶葉包裝型態還可分為散裝茶與包裝茶。前者多半以大型茶葉桶一桶桶盛裝了擺在貨架上，由消費者選定後，再由店員依照購買數量秤重後以紙袋包裝出售。

包裝茶則是以賣相極佳的鐵罐或包裝盒、包裝袋事先封裝好的商品，有時還會依不同節令或主題推出特色紀念茶。整體而言，散裝茶與袋裝茶的選擇較多且價格划算，罐裝茶則極適合收藏與贈禮之用。

3.外觀與香氣

購買前最好先觀察茶葉外型並聞香，以茶乾看來乾爽有光澤為佳，並從香味判斷是不是合心合意的味道。許多茶專門店

會提供免費試飲或另設茶座讓人坐下來付費飲茶，會是更精準的判準依據，值得把握。

4.挑一個好通路

　　盡量和真正可信任的茶商與通路買茶。依賴專業者的篩選和把關甚至推薦與建議，是時時可享用放心美味好茶的上上省力之道。

茶的時間，與空間

日本常見的小包裝茶葉，是喜愛少量多樣買茶的茶客們的最愛。

　　在紅茶與日本茶領域裡，通常公認越是新鮮、保存狀態完好的茶葉，越能完整保有豐富飽滿的香氣；但相反地，在中國與台灣茶界，長年來始終對老茶、陳茶又另有一番不同講究與鑽研，認為隨歲月和時間的積累，年輕火氣盡褪後，常能轉化、展現另番圓熟風華。

　　而我自己，喝茶多年，的確越來越覺老茶領域著實深不可測，即連紅茶，因家中庫存太多，不可能全數趁鮮喝掉，遂早習慣繼續飲用「過期茶」；當然許多難免萌生青春漸逝之感，有的卻能持續芬芳，甚至偶有驚豔。

　　比方某回，茶櫃角落裡隨手翻出一小撮恐怕至少十數歲齡以上、好久好久以前在某香港茶鋪買下的滇紅，聞著氣味還仍奔放，捨不得丟棄，遂取來沖成奶泡茶……

　　沒料到，醇郁奶香裡，久違了的滇紅那雄渾裡見芳馥妍媚的甘韻嘩地湧現，不僅一點不因時間減了丰姿，甚至更沉著熟美。令人不禁再次喟嘆，果然茶世界無比玄妙，叫人怎能不迷醉？

　　根據目前有限經驗歸納，通常茶葉較不細碎、發酵完整、含水量低，以及在製作上除乾燥外還多一道烘焙工序的茶，如福建正山小種紅茶在發酵後會再進行鍋炒，或如中國工夫紅茶與台灣小葉種紅茶常在精製階段再焙火一次，都可能延長賞味

期限。

　　但話雖如此，我仍不鼓勵肆無忌憚大喝過期茶。畢竟每款茶從性質到製作以至運送、貯存條件都不相同，等閒不宜掉以輕心。若真的要喝，一定先仔細檢視茶葉，無受潮發霉變味、且以沸水沖泡以策安全。

　　另外，若屬經過拼配、燻香的調配茶或調味茶，因茶品來源多元，且成分中常不只茶葉、還有其餘添加，也應盡量趁鮮喝掉。

　　至於在保存上，謹記高溫、多濕、強光、空氣、氣味與擠壓都是茶葉大敵，因此，最好留心以下幾點原則：

1. 使用密封、不透光、也不致壓損茶葉的容器盛裝。專門的茶葉罐或非玻璃透光材質密封罐最佳；若是紙袋或紙盒，則最好盡量嚴密封實保存。

2. 茶罐與茶盒應存放於涼爽、乾燥、陰暗處，盡量避免太陽或燈光直接照射。

3. 茶葉很容易吸收氣味，故應貯存於空氣清新無味的地方。一般家庭為了取用沖泡方便，經常習慣將茶葉置放於廚房中，但除非做菜清淡、通風良好，否則並非理想空間。

4. 無論如何，一般居家非專業儲藏環境變數太多，因此，採買之際還是不要貪多，只備足夠飲用的份量並定期補充，以免長期囤積而有變質之虞。

巴黎DAMMANN Fréres茶店的茶罐包裝。

關於
茶點

好茶與點心的美妙搭配

　　回想起來，雖說平素喝茶不見得都配點心，但吃點心，則定然有茶陪伴。

　　而紅茶單喝固然能夠專注感受茶裡各種細微的迷人香氣質地，然若能搭配幾道美味茶點，無疑使品味過程更精彩繽紛。

　　尤其自古至今在西方，享受各種美味甜點之際，紅茶始終都是絕佳良伴之一。這裡頭，最經典最豪華也最流傳悠久的，當非全套英式下午茶點莫屬。

悠然閒情下午茶

　　英國上流社會的喝茶文化約於17世紀初便已漸漸普及，但正統英式下午茶宴的出現，卻得到19世紀1840年代中葉才由Bedford公爵夫人Anna Russell引領起這股風潮。

　　當時，英國上流社會的早餐都很豐盛、午餐較為簡便，而社交晚餐卻一直到晚上8時以後才開始。從午餐後到晚餐的這段長長時間，一路空腹過來，難忍轆轆飢腸的Bedford公爵夫人便開始於三點到五點間差遣女僕為她準備一壺紅茶和三明治、甜點止飢；剛巧於這段時間來訪的友人也都邀約一起共享，漸漸成為習慣並蔚成流行，就這麼逐步成為英國人的飲食生活方式之一，且還逐步風行世界。

　　到現在，Bedford公爵宅邸、位在Bedfordshire的Woburn Abbey莊園裡，昔日公爵夫人與友人們享用下午茶的廳堂Blue Drawing Room一景一物仍如往昔，且已成為當地重要觀光景點

——不僅大大方方開放、以供各方有心緬懷這段值得紀念的歷史的茶友們前往參觀；甚至還可當場來上一頓每人要價三十英鎊，內容包含四種口味三明治、scone鬆餅、水果蛋糕、水果塔、macaron杏仁小圓餅、巧克力閃電泡芙的豐盛下午茶，盡情體驗當年風華。

一般而言，正統英式茶宴通常一式共三層點心架。架上，從底層的小巧三明治起始，中層為英式scone鬆餅、上層則為各式精緻小蛋糕與水果塔。享用時從底部開始一路吃到頂層，再配上紅茶，真箇是既豐盛又飽足，連晚餐都可省下來。

只不過，說來有趣是，雖身屬紅茶的重度愛好者，但我對這般以全套三層架方式供應點心的排場，早年或許也曾一時新鮮，然沒多久卻是越來越敬謝不敏。

其中原因：一來胃口小，如此龐大份量委實難以消受；二來也是發現，架上琳琅滿目看似豐盛，實則多半不見得樣樣都能美味，多食無益。

斯里蘭卡Amangalla旅館的下午茶。

清爽調與濃郁感的不同搭配

事實上，過往記憶中印象深刻的午茶時光，點心內容總是簡單。少而精、專注享用，於是益發甘美難忘。

尤其平常在家，當然不可能動輒搬出如此隆重陣仗。即使有朋前來作客，我也多半只備一壺好茶、一兩樣簡單糕點，便已足夠悠然自在愉悅度過一段閒情午后，且也更能在茶與茶點間的彼此搭配上精細講究。

我的長年心得，在糕點選擇方面，如同葡萄酒領域裡已經發展圓熟的酒食佐搭概念，只要適切掌握味道相近、口感相宜原則：濃的配濃的、淡的配淡的，層次豐富的配豐富的，清新的配清新的……便大致都能水乳交融。

比方如果喝的是純紅茶、單品產地茶園茶，為了不搶去紅

上：在家的下午茶，一壺好茶，搭配一兩樣素雅點心足矣。

右上：蘇格蘭奶油酥餅佐奶茶。

茶風采，我自己比較偏好的是口味樸素雅緻的甜點。

當然在質性上可以稍微拿捏配對：比方風格清雅的戚風蛋糕、水果慕斯、水果蛋糕卷等可以佐搭同樣清爽調的印度大吉嶺紅茶與台灣蜜香紅茶、阿里山紅茶、金萱紅茶等；尤其輕柔如雲的戚風蛋糕與大吉嶺紅茶，長年以來更是我心目中首屈一指不做他想之黃金組合。

溫馨家常路線的英式scone、手工餅乾、水果派、蜂蜜蛋糕、水果磅蛋糕，以至近年來在台日茶館咖啡館中盛行非常的美式日式pancake和hotcake煎餅、比利時waffle鬆餅等，則與較有個性、質地扎實些的錫蘭努瓦拉埃利亞、汀布拉、台茶18號紅玉、台灣阿薩姆等紅茶頗和合。

而口味較濃重如巧克力蛋糕、美式起司蛋糕、以及蘇格蘭一帶十分盛行的奶油酥餅shortbread等，則最好選擇茶葉細碎口感濃厚的錫蘭烏巴茶以及混合茶如英式伯爵茶、早餐茶甚至奶茶，才能不相互奪味搶味，彼此相得益彰。

大吉嶺茶區風光

part 3

紅茶
產地

紅茶版圖的廣闊淵博，在各種茶類系譜裡可稱第一。

以產地而言，世界主要紅茶生產國約在數十左右，如亞洲的印度、錫蘭、中國、印尼、越南、尼泊爾、台灣、日本，非洲的肯亞、坦尚尼亞、喀麥隆、馬拉威、南非，南美的巴西、阿根廷、厄瓜多爾、秘魯，歐亞的土耳其、俄羅斯，以至於澳洲等⋯⋯版圖幾乎遍佈世界五大洲，合而造就了，這無窮迷人的紅茶大千世界⋯⋯

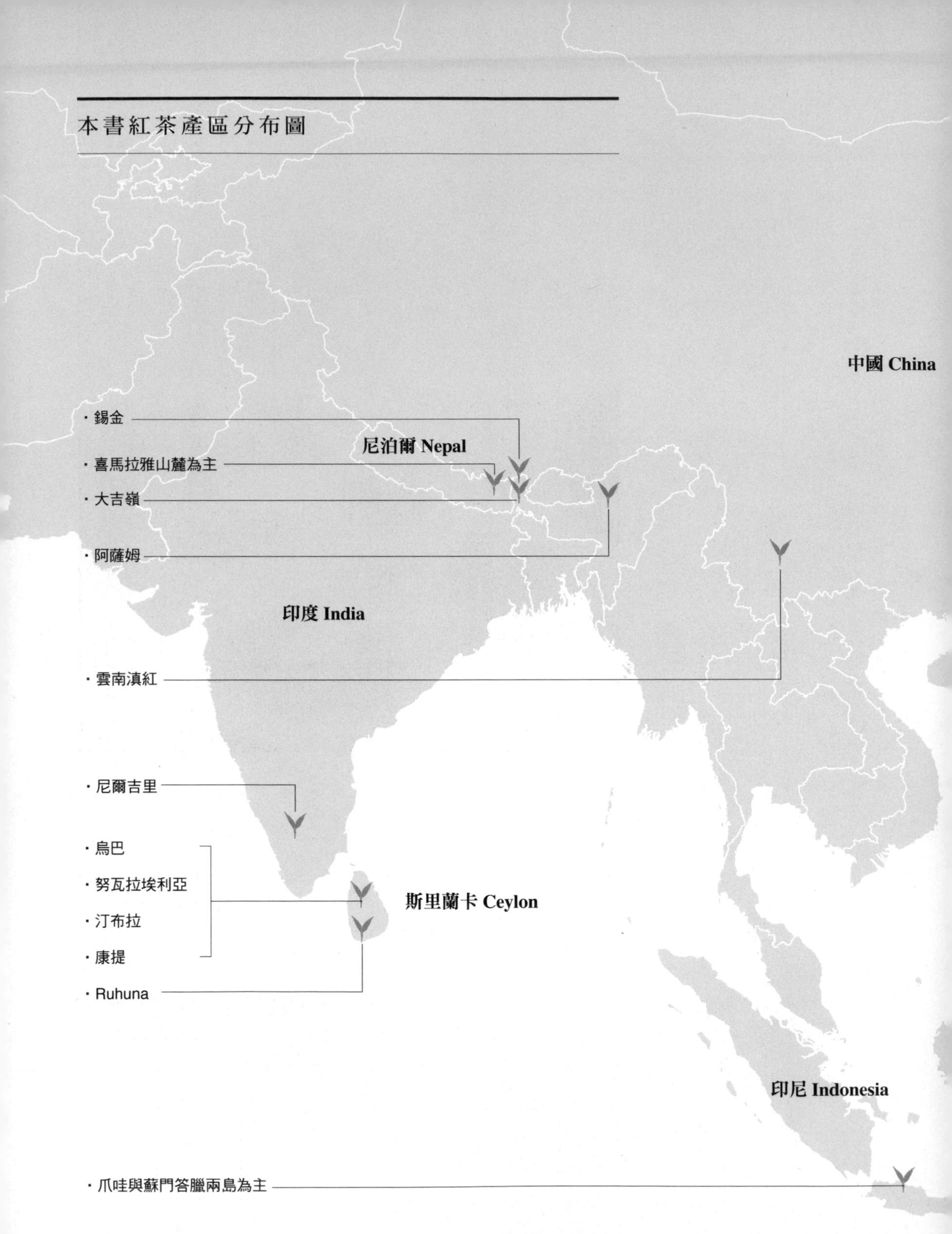

中國 China

· 錫金

尼泊爾 Nepal

· 喜馬拉雅山麓為主

· 大吉嶺

· 阿薩姆

印度 India

· 雲南滇紅

· 尼爾吉里

· 烏巴

· 努瓦拉埃利亞

斯里蘭卡 Ceylon

· 汀布拉

· 康提

· Ruhuna

印尼 Indonesia

· 爪哇與蘇門答臘兩島為主

日本 Japan

・靜岡、三重、奈良、佐賀、鹿兒島、沖繩……等

・安徽祁門

・福建武夷山（正山小種）

台灣 Taiwan

・南投魚池

・花蓮瑞穗

・阿里山

肯亞 Kenya

・肯亞山脈和西側的高原與山谷為主

印度
India

阿薩姆領銜，開啟黃金時代

1

身為資深紅茶迷，毫無疑問，印度絕對是我心目中的紅茶版圖上，光輝燦爛無與倫比的一地。

根據近年統計，印度的茶葉生產量僅次於中國，位居世界第二名，但若以紅茶論，則堂堂穩站第一。其不僅是中國以外最早生產紅茶的國度，且從風味、特色、各經典產區之獨特性，以及對後世紅茶產業的影響力，都絕對不可小覷。

雖說印度的茶業發展直到近代才真正開啟，然事實上根據考據，早在西元前七百多年就已出現採摘茶葉作為飲品的記錄，而約在十六世紀也曾發現將茶葉與油和大蒜一起烹調當作蔬菜享用的記載。

印度的紅茶產業始於十八世紀下旬，當時，已成歐洲最大茶葉消費國的英國，由於每年茶葉消費量不斷增加，為了平衡巨幅的貿易出超，除了開始將鴉片傾銷中國以換取茶葉外，也興起在該國的其他亞洲殖民地種植紅茶的想法。

1780年代，英國東印度公司首先嘗試在加爾各答的植物園中培育遠自中國攜來的茶葉種籽，但效果不彰。1823年，蘇格蘭探險家 Robert Bruce偶然在阿薩姆的Brahmaputra Valley 發現土生土長的原生大葉種茶樹，且早為世居此處的景頗族人普遍飲用。所取得的樣本經過鑑定後，確認有栽培潛力，遂在當地貴族Maniram Dewan的主導下開始闢建茶園，並從福建武夷延請製茶師到當地傳授製茶技術。

而也因這原因，日後紅茶界裡常會將來自此區的大葉品種茶樹統稱為「阿薩姆種」，而在台灣「阿薩姆紅茶」一詞也用以指稱源自印度阿薩姆的大葉種茶樹所製成的茶。

2

3

4

5

　　1838年，首批茶葉運抵倫敦；1840年，阿薩姆茶葉公司成立，並將種植領域往印度其他地區拓展，印度紅茶的黃金時代就此開啟。

　　目前，印度茶區包括東北部的大吉嶺、阿薩姆、錫金，南部的尼爾吉里，以及Dooras、Terai等地，以前四者較為知名。

1. 印度大吉嶺春摘茶。

2. 印度阿薩姆紅茶。

3. 印度錫金Temi紅茶。

4. 印度尼爾吉里春摘茶。

5. 阿薩姆CTC紅茶。

大吉嶺
Darjeeling

　　大吉嶺是印度最負盛名，也是最受茶饕們喜愛的產區之一。地點位在阿薩姆以西偏北的印度喜馬拉雅山麓，為眾多茶園簇擁環繞的城鎮，標高約海拔1830公尺。

　　標準的大吉嶺茶園多半分佈在終年高山雲霧繚繞的傾斜山坡上，以能夠充分接受陽光和雨水的滋潤與照拂。尤其海拔越高的茶園，等級與價格也相對往上攀升。

　　而與印度較早開始發展的阿薩姆茶情況略微不同，因為地勢較高，大吉嶺地區的茶樹擁有較多耐寒的中國血統，茶葉型態也近似小葉種茶樹。

　　有人說，越是頂級的大吉嶺，滋味越是難以言語字彙形容。

「Clonal」新品種茶樹。

變化多端，茶中香檳

　　比起其他產地的紅茶來，大吉嶺茶性極是清新優雅，擁有特殊而迷人的雍容高貴之氣；且隨春摘秋摘夏摘、以及海拔與各茶園各年份的差異，個別散發出極精緻細膩且不同層次的花香、果香、穀類、堅果香⋯⋯變化多端，耐人尋味。

　　也因著這獨特性格，大吉嶺紅茶素有「茶中香檳」、「茶中藍山」之稱，當然，在價格上也一年年屢飆新高，在各種類紅茶中名列前茅。

　　而也和藍山咖啡的情況十分近似，由於世人對大吉嶺茶的趨之若鶩，早期，全球市場上所銷售的大吉嶺，總數加起來竟遠遠超過原產區的實際產量；真偽難辨結果，使得印度政府不得不制訂相關規定，只有通過政府審核登記有案的茶園，才能夠使用大吉嶺茶之名，算是稍稍疏解了亂象。

大吉嶺位在海拔1830公尺左右的喜馬
拉雅山麓，茶樹擁有較耐寒的體質，
茶葉型態也近似小葉種。

大吉嶺茶一年收成主要約三次：

春摘茶First Flush：採摘時間在每年三四月間，早春溫柔蘊藉的雨水和霧氣籠罩下，使第一摘的大吉嶺有著清透纖細的茶色與花香，口感輕柔。

夏摘茶Second Flush：時間在五六月間，溫暖季候下所採摘的茶，茶色較濃郁、香氣與滋味也更顯豐碩飽和有個性。一般而言，是三次收成裡評價最高的大吉嶺茶。

秋摘茶Autumn Flush：秋摘茶一直要到當地雨季過後的九到十月間才能完成採收。茶色較深、滋味濃厚順口，是較適合用來沖製奶茶的大吉嶺茶，價格也相對平易。

此之外，在夏摘與秋摘間，也少量生產monsoon雨季茶，但因品質遠遜於其他產季，故極少於一般紅茶市場上流通。

值得一提是，大吉嶺地區由於海拔高、溫度低，再加上近幾年來主要消費地歐洲正熱烈吹襲的綠茶風潮，使大吉嶺茶在發酵度上有逐年降低的狀況出現，特別春摘茶，發酵度常常已近半發酵茶類，是茶饕們不能不注意的現象。

目前，市面上販售的大吉嶺茶除了部分專業品牌的散裝單品茶園茶之外，尤其罐裝茶，多半以來自不同茶園與產季的茶葉混合而成，不見得會在採摘時間上多做標示。

現在，登記有案的大吉嶺茶園約有八十多家，諸如：Castleton、Margret's Hope、Thurbo、Gopaldhara、Arya、Puttabong、Namring、Singbulli、Jungpana、Ambootia、Goomtee、Lingia、Chamong、Risheehat……等，都是茶友間如雷貫耳的名園。

只有通過政府審核登記有案的茶園，才能夠使用大吉嶺茶之名。

目前在大吉嶺一共有八十幾家茶園，一年主要收成三次。

通行於加爾各答和大吉嶺間的蒸汽火車，早年肩負運茶任務，現已轉為載客觀光功能。

大吉嶺‧山城逐嵐追霧

投入紅茶研究、寫作二十載，早從一開始便對大吉嶺一見傾心，繼而在我的紅茶版圖上始終占有舉足輕重的一席之地：那獨樹一幟、清逸高遠的芬芳，纖細醇美的滋味，以及既龐然又精深的複雜系譜，隨茶園、品種、分級分類之不同，品貌風味變化萬千；超俗拔群之姿，穩居紅茶世界極致之巔，叫人何能不著迷？

也因這留戀，加之工作上的必須，大吉嶺紅茶可算各產地紅茶裡我最接觸頻繁的一類，每逢春夏秋茶季一到便會密集品試一輪，親近非常。遂而，就在這不間斷的緣會裡逐步發覺，此茶風貌的改易一年年益發鮮明：

從春摘茶起，葉型越來越完整、毫芽越來越紛呈、茶色越來越青綠，茶體當然也隨之越來越輕盈、茶味越來越纖柔縹邈飄逸，如碧草如青果如蘭如卉如嵐如霧雲深不知處。

惹人一邊兒沉迷，一邊兒卻忍不住惶惑自問：「這，還算『紅』茶嗎？」

大吉嶺茶性清新，莊園的精品茶款也取了如Moonlight、Moonnight、Moondrop、Moonshine……等美麗名字。

精品茶的「綠化」

且不只春摘如此，漸漸地，夏摘如春，即連原本三季裡特別扎實渾厚最宜奶茶的秋摘茶，竟也跟著溫婉甘雅如夏……

當然我也多少知道此中因由：十多年來，幾度在倫敦、巴黎兩地高檔茶店間走動，明顯察覺到一股「綠化」潮——原本以紅茶為主體的西方茶界，目光開始朝原本只在東方稱王的綠茶聚焦，特別是以蒸菁方式製茶、最是青嫩鮮爽的日本茶更是睥睨四方；有段時間，各店櫥窗裡甚至觸目可見俱是一片煎茶玉露天下，火紅不可方物。

是故，迎合金字塔尖端茶人所好，大吉嶺之隨而轉綠在所難免。 然後，包裝標示上，傳統大吉嶺產區、莊園、品種以及如FTGFOP1、SFTGFOP1等分級字眼外，還出現了各種美麗名字：Moonlight、Moonnight、Moondrop、Moonshine、Wonder、Ruby、Diamond、Queen、Red Thunder……是莊園裡級別最高最自豪、工法最精細最嚴選的頂級精品代表茶款，蔚成各方茶饕競逐目標。

而看來也是這種種作為奏效，大吉嶺紅茶之搶手程度也呈現白熱化，從價格到稀有度都一年年飆高，茶季一到四方品牌店家相

互爭搶，一有落後便得面臨向隅危機。

凡此種種，勾起我的強烈好奇，漸漸萌生非得親身前往產地、一窺大吉嶺之今時面貌的願心。

2015年四月芳春，一度遲降的春雨終於開始發動，各莊園紛紛鬆下一口氣，原本延宕的春茶作業開始進入高峰。我們也在這時啟時停的雨霧間抵達大吉嶺。

果如所料，茶路向來多艱，這趟，茶園茶廠間緊湊奔波穿梭，幾乎全程都在崎嶇土石山徑間不斷上跳下撞左盪右晃顛簸。雖說換來滿身疲憊痠痛，卻是收穫豐碩滿載。

在大吉嶺，全葉才是主流。

縮時發酵，茶性細膩雅逸

大吉嶺，真美！比之錫蘭烏巴的陡峭不馴、中國武夷的山荒林野；這兒，同樣是崇山峻嶺間茶園茶林處處，但坡稜雖高雖險，山路嚴峻度更是一點不輸，起伏之勢卻較柔和，最高山巔處甚至形如饅頭般渾圓優美。茶欉青碧幽翠，雨霧固然一樣變化莫測，但雲柔風輕悠悠吹拂來去；大吉嶺茶質茶性之雍容雅逸，從這得天獨厚地利環境展露無遺。

實際走入茶園茶廠，積累多年的種種好奇困惑，也一一得到解答。

首先，大吉嶺之「綠」之「逸」，由來自山之高：千餘公尺是基本，兩千海拔以上也頗見平常。值得一提是，有別於其他國度茶區之素愛朝南向陽坡面，在大吉嶺，反是面北坡向評價較高，因日照少、且得來自喜瑪拉雅群峰之冷冽乾風吹拂，茶質方能細膩幽微。

品種上，印度在地原生、穩占其他茶區主力的阿薩姆茶樹在此全不受青睞，就連最早費盡千辛萬苦自武夷山盜採而來的中國小葉種茶樹，所製之茶甜醇圓潤，自古至今雖已引領百年風騷，然大吉嶺目前正全面崛起的卻是新近雜交培育而成、通稱「Clonal」的各款新種茶樹，葉嫩而小，滋味輕柔妍媚如風，是備受寵愛之名種新星……

製程，則越是深入探查越覺驚訝咋舌。採摘一心二葉或三葉、新芽初透之最嫩葉、歷經十多小時萎凋後，迥異於一般紅茶動輒需得數小時以上的揉捻＋發酵時程，大吉嶺這兒，一切顯得極緊張快速間不容髮，常常不到一小時內便已大勢底定……

和各家莊園製茶師反覆討論發酵度，幾乎都可感受到一股難以言喻的急切感，Margaret's Hope莊園的茶師說：「一攤上發酵檯，眼睛看、鼻子聞，差不多了就馬上停止，一不小心過頭就糟啦！」——而如Rohini等海拔略低的莊園，茶廠氣溫高，春茶季甚至還常乾脆跳過發酵，以顧全這鮮綠之味。

大吉嶺海拔雖高，但山勢柔和渾圓，
景致優美一如茶性的雍容飄逸。

茶鄉紀行

精工打造，極致之味

揉捻上也極度輕柔，特別春摘茶因葉太嫩，普遍極少加壓以免有傷。我們甚至在Gopaldhara莊園驚喜見到烏龍茶專用的望月型揉捻機……「從你們台灣採購來的，手揉般的勁道，尤其還適合小量小批次揉捻，超好用！」首席製茶師得意回答。

還有也是打破既往南亞紅茶的普遍切碎而後分級，在大吉嶺，全葉才是主流：第一道先將芽葉最豐富完整之FTGFOP1等級精選保留下來作為頂級茶款之用，剩下其餘才進入傳統正常切分篩選步驟、製成各級次等茶或碎葉茶。如Gopaldhara這般專走小眾

精品路線的莊園，甚至只專注全葉茶，其餘全打成碎葉。

而前面提到、有著各種美麗名字的「精品茶」，就出自這精挑細琢而出的全葉茶中。

據稱由Castleton莊園率先引領的這股精品茶風潮，至今，各莊園各有不同門道講究：大多數都從特定海拔高度、座向、區塊、茶樹品種、採摘時段與方法，以至製程上的獨特工藝做出區分……也有碰到頗率性的莊園如Thurbo，在製作完成後將各批次茶款全數排開一次品鑑，直接選出香氣口感味道上佳者，從其質地風韻表現來命名──聽得我們嘖嘖稱奇，大呼有趣。

「所以，這還算『紅』茶

嗎？」採訪間，我總忍不住一再追問。

對此，各家反應不一。有的笑而不答；有的斬釘截鐵認為發酵雖短，但仍屬紅茶製程，自是無庸置疑；有的沉吟良久，說曾研究過台灣烏龍茶法，發酵度上彼此似有相近處；有的則坦言市場大勢所趨，不得不如此……

但無論如何，在我看來，此時此刻的大吉嶺紅茶，茶饕的推波助瀾熱烈追捧加之莊園的一往無前力求極致，可說淋漓盡致體現了近十數年來飲食領域裡風起雲湧之「風土」、「單一」、「精品」狂潮，早成茶世界裡別具一格精采絕倫的風景，自有動人處。

阿薩姆
Assam

阿薩姆位在印度東北方。原生茶樹的歷史非常早，歷史久遠程度上足可與中國相比。雖說頂級矜貴程度不若大吉嶺，但在印度茶產業中所佔之舉足輕重地位卻絕對有以過之。

十九世紀初，英國在此以當地原生阿薩姆種茶樹為基礎闢建茶園，印度紅茶歷史自此開啟。至今，阿薩姆茶業之蓬勃發達，全國足有六成茶葉都由阿薩姆出品，在印度穩占第一。

值得一提是，阿薩姆所產紅茶超過九成都為平價的CTC，主要供國內消費市場飲用，只有不到一成是普見於全球市場的Orthodox傳統紅茶。

人們日常所飲，大多是來自阿薩姆的「CTC」紅茶，將茶葉碾碎、撕裂、捲起成極小的粉末顆粒狀，風味濃厚價格低廉。

甘醇厚實，茶中紳士

在我看來，同屬濃味紅茶一族，比起個性剽悍奔放的錫蘭烏巴紅茶來，阿薩姆風格較顯端莊沉穩、甘醇厚實，可說是不失男兒氣概的彬彬紳士。

目前，阿薩姆地區的茶園主要分佈在Brahmaputra河谷兩側，高溫高濕的天氣孕育出風味獨特的好茶。產季方面，每年約從三月到十一月末冬季來臨前都可採茶、製茶，但以四月下旬後到六月末雨季來臨前之暖熱乾燥季節為最佳。

值得注意是，除了傳統濃厚口味之外，阿薩姆也少量出品帶有金黃葉芽的高檔紅茶，滋味則在一貫的扎實濃醇中透著芬芳明亮的果味與花香甜香，口感圓潤柔順，備受茶饕喜愛。

在印度市場裡的小茶葉店，櫃檯上一盆一盆都是細如粉末、最宜沖泡香料奶茶的茶葉。

CTC茶稱王，阿薩姆無所不在

有趣的是，雖尚未有緣造訪阿薩姆，然每每人到印度，卻幾乎日日都能感受到，阿薩姆紅茶的無所不在。特別大吉嶺之行，一程近十天時間，茶園茶廠一家訪過一家，然意念裡味蕾上卻不斷經歷著截然兩向奇妙拉鋸：

是的。莊園裡的頂級茶款那意境高遠芬芳固然令我驚嘆媚惑傾倒折服，但同時間，我卻忍不住更加被當地市井間街道旁庶民茶攤深深吸引，宛若成癮般，一杯接一杯喝個不停。

事實上，身為首屈一指頂級茶區子民，大吉嶺在地人們卻多半喝不起這矜貴之品，日常所飲，大多是來自隔鄰阿薩姆所產的「CTC」紅茶。CTC是「Crush Tear Curl」的縮寫，將茶葉碾碎、撕裂、捲起成極小的粉末顆粒狀，風味濃厚價格低廉，用以沖調奶茶尤其夠味。

和印度其他地方一樣，在大吉嶺，最通行便是以這阿薩姆CTC為基底、加上水、牛奶、糖和各種研成粉末的香料一起煮成的「chai」；滋味又甜又濃、且還散發出辛馥繽紛明媚佻達的多樣芳香，非常迷人。

早在十年前、2005年初春第一次來印度旅行，我便已深深為這迷魅之味整個收服⋯⋯

香料之國，席捲感官

——「這是，香料的國度！」那趟，十八天時間裡，我不斷如是嘖嘆。

當然，無限繽紛壯美的自然人文史蹟風光，以及印度特有的，既混亂喧囂又迷魅紛呈的景象氛圍，都令我心魂俱慴目眩神馳。然而，眼、耳與心在這五色迷離世界裡迷亂了迷失了的同時，味

蕾，卻也一樣一點不曾稍有空閒：

香料！香料！香料！都是香料！！

所有端上眼前的東西，除了各式佐餐的印度餅（naan、roti、chapati⋯⋯）之外，每一天每一頓每一道每一口，所有的食物，無一不是五彩紛呈著無數各種各樣的香料氣味：辣椒、胡椒、肉桂、薑、薑黃、大小荳蔻、大小茴香、芫荽、芫荽子、番紅花、丁香、葫蘆巴⋯⋯焰火一般亮燦燦熱辣辣又狂又野又猛又烈的辛香，將你所有的嗅覺味覺感官整著兒席捲了吞噬了⋯⋯

是的！是它吞噬你，不是你吞噬它。

Masala，千姿百味的饗宴

「Masala」。印度料理的第一

加爾各答街頭的奶茶舖。

關鍵字，意思是，綜合香料——沒有特定的配方，端看不同地方、不同廚人自由隨性調配出各自的組合。

翻看每一份菜單，從前菜到主菜到主食到甜點到奶茶、優格飲料，時不時，都可見到這字跳將出來，得意洋洋向你宣示著，即將而來的這場熱鬧味覺盛宴。

因而知道，在這裡，沒有所謂「原味」這回事，或者說，這千百種香料的滋味，才是印度的原味。

然這其中，最是觸動我心的，還是Masala Chai，亦即Chai或Masala Tea，印度香料奶茶。

對於醉心紅茶多年的我來說，這一味，可是早已然好奇嚮往許久了！

是的。雖為世界最重要紅茶產國，大吉嶺、阿薩姆、尼爾吉里等產地紅茶個別風味特色鮮明，

但卻是直至來到當地，才訝然發現，印度最最正宗正道的茶風景，尋常百姓生活裡每日必喝、不可或缺的，還是非Chai莫屬！

在這裡，大城小鎮街頭巷尾，幾乎隨處可見的，盡是大大小小的奶茶舖：有的只是一部推車、有的還多了簡單棚架、有的是一方狹窄店面、有的則完整成一處小吃店甚至小餐館，甚至就連國內線國際線機場也一律配備了茶亭……

每回看見，我總是忍不住要來上一杯，從小攤子一杯幾元盧比（約合台幣幾毛到一塊多）到五星級飯店裡以美金計價，從早到晚，肚子裡滿裝的盡是奶茶。

而幾次下來，越來越覺得，Chai的好喝程度，與茶空間的豪華度竟成反比！

通常，五星級飯店頂級餐廳裡的奶茶最一般，其次是市區高

級餐館，道旁小餐館稍好一些，而第一美味處，當非路邊奶茶推車或茶棚莫屬；特別是最具傳統古風、用的還是手工陶製小杯盛裝，喝完了直接就地將杯摔碎（我戲稱為「印度式免洗杯」）的那種，最令人傾倒。

濃烈辛香，市井之味

幾次細思其中緣由，我想，或者是因著那既鮮活又踏實的平實情味與氣氛著實無可比擬；但更重要的是，就我自己多年來沖調奶茶的經驗；最有滋有味的奶茶，茶葉基底往往要夠細夠碎，太完整太漂亮太高級的茶葉可是不行的。

在印度，每每走訪街邊、市場裡的小茶葉店或兼賣茶葉的小雜貨店、香料店，櫃臺上展售的，全不是我們外地紅茶愛好

者總愛講究談論的什麼大吉嶺Gopaldhara茶園春摘FTGFOP1、什麼尼爾吉里Korakunda茶園FTGFOP1……

而是一盆一盆堆得尖尖高高山也似的黑褐色茶粉茶末CTC、Fanning、Dust，和周遭陳列形式一模一樣的一盆盆各色香料粉相映成趣，隨性帥氣得不得了！看在平常向來早習慣著使用不透光密封罐密封盒小心翼翼收藏茶葉、深怕一不小心見光了受潮了便要減損茶香的我眼裡，不覺莞爾。

也許就是因著這細如粉末的茶葉所沖出的極濃極澀極雄壯威猛的濃烈紅茶，遂而才能夠和香濃的牛奶、和奔放恣意的綜合香料旗鼓相當分庭抗禮，攜手交織成個性層次分明的好香料奶茶。

而飯店裡、高級餐館裡，更貴一些的 Chai，就難免要裝腔作勢

些，茶葉等級高些、葉型稍完整一些，要是再多顧慮著外地客口味能否習慣而在放香料時下手輕一些、脾性溫馴了，那勁兒，可就差得遠了……

這就是，印度的茶滋味吧，我這樣想。

才不跟你講什麼雲淡風清簡約為美、也不跟你玩什麼淡泊中才見真滋味，就是要這樣五色斑斕、就是要這樣辛香繽紛狂野，將你從味蕾到心魂都整個席捲了吞噬了，才算是，印度的原味。

再說到大吉嶺的Chai，則路數調性略有差異。這兒的香料個性較溫和幽微，大多只磨點荳蔻或薑入鍋同煮，甚至全不放香料的純奶茶也常見。許多在CTC之外則還會另外添上少許製茶時篩剩的大吉嶺碎葉提點風味，可算在地特色。

而旅程裡最讓我難忘的一杯，

在大吉嶺與尼泊爾交界的Simana Basti小村裡的茶攤上。一飲入口，但覺脂香濃厚、乳感醇郁不同平常，一問方知，原來用的是村子裡一早剛擠的鮮牛奶；湊近一瞧，牛奶上還結了一層柔黃乳脂，香氣四溢。對我而言，這才是真正無能及的奢華，慨嘆不已。

也因著這一杯杯的濃洌奶茶，將我從山尖兒雲霧裡一次次拉回，提醒著我，紅茶的另一種面貌；甚至是，還更接近於紅茶的本來面貌：濃厚扎實、平易近人，得能日日時時晨昏日夕無負擔無距離盡情歡飲，令你溫暖飽足安心安頓，一樣珍貴、一樣美麗。

尼爾吉里
Nilgiri

　　位在印度西南方的山名，意為藍山。約在1840年左右開始茶葉的種植與生產。茶樹主要分佈在海拔300～1800公尺左右的山坡上。是印度第二大茶區。

　　地理位置、氣候與風土條件都與錫蘭相似，幾乎全年皆可採茶、製茶，但以每年一～三月早春時間所產茶葉口碑最佳。

　　和阿薩姆一樣，此區茶葉八九成以上都為CTC製法，主要供印度國內日常飲用。Othodox紅茶則茶風介於大吉嶺的高香縹緲與阿薩姆的渾厚扎實間，滋味圓潤爽醇；特別高海拔地帶所產、帶有鮮嫩毫芽的茶款質地極是清亮高雅，散發近似大吉嶺的清雅花香果香，卻又更多幾分厚實勁道，非常迷人。

錫金紅茶有類似大吉嶺紅茶的悠揚高山氣，但底蘊更扎實，且口感散發著淡淡的花與蜂蜜香氣，與大吉嶺相比價格更實惠。

錫金
Sikkim

　　錫金位在印度東北方、喜馬拉雅山南麓，地理位置介於不丹、尼泊爾和中國之間。原為歷史悠久文明古國，後來歷經複雜曲折演變，於1975年併入印度，成為印度所屬一邦。我曾於2015年行旅大吉嶺時，翻山越嶺穿越嚴密關防來到此處，實地領略茶區風貌。

工法近大吉嶺，價格實惠

　　錫金紅茶產區面積極小，僅Temi莊園較具規模，產量比之

印度其他茶區相對小巧稀少。地景環境、風土氣候都與緊鄰的大吉嶺幾乎一致；茶園海拔約1800公尺高，全區採自然農法種植，茶樹一畦畦一列列整齊劃一，管理精細。

一年有四個產季，三四月間為春摘茶、五六月間為夏摘、七～九月為雨季茶、十～十一月為秋摘茶，以春摘茶評價最高。茶樹品種則中國小葉種茶樹、新種Clonal茶樹與阿薩姆種茶樹皆有，以後二者比例較高；製茶工法雖與大吉嶺相似，但思維與概念更偏傳統。

遂而，錫金紅茶雖與大吉嶺一樣有著清新悠揚的高山氣，卻更多了幾分扎實底蘊，雍容醇美口感中散發著淡淡的花與蜂蜜香氣；價格也實惠，成為各方茶饕私心喜愛的優質茶款。

到訪錫金之際正逢春茶採收季，茶廠一片忙碌。

錫金位在印度東北方，以春摘茶評價
最高。品種包括中國小葉種茶樹、新
種Clonal與阿薩姆種。

錫蘭
Ceylon

高山古國，傳統紅茶聖地

　　錫蘭是斯里蘭卡（Sri Lanka）的古名，雖說時移事往，但在紅茶領域仍習慣以錫蘭稱之。原本以咖啡為主要經濟作物的錫蘭，在遭遇毀滅性的病蟲害後，1867年，世稱「錫蘭紅茶之父」的James Taylor率先自印度引進茶種與技術，於康提（Kandy）茶區成功栽植茶樹、闢建茶園，就此揭開錫蘭紅茶的光輝史頁。

　　至今，錫蘭已成全球數一數二的重要紅茶產地，每年生產超過三十萬噸紅茶，大多數以外銷為主，且超過九成都為Orthodox製法。總產量雖落後印度，但若排除價格低廉的CTC紅茶，單以通行於海外市場的Orthodox傳統紅茶而論，錫蘭則毫無疑問遠遠凌駕其上。

　　遂而，對全球紅茶愛好者而言，錫蘭紅茶可能是日常裡最親近熟悉最常接觸到的紅茶。以我而言，對於紅茶種種氣味、滋味的最初印象，幾乎都來自錫蘭茶。

七大茶區，風格鮮明

　　錫蘭大部分茶園主要分佈於中部山區到西南區域。緯度上雖屬炎熱高溫地帶，然高山古國複雜地形，加之來自印度洋西南與東北季風的影響，形成多樣的氣候帶與不同茶區特色。

　　目前共分為烏巴、努瓦拉埃利亞、汀布拉、康提、Ruhuna、Uda Pussallawa、Sabaragamuwa等七個茶區，以前四者知名度較高、產區風格較鮮明。

1. 錫蘭康提的創始莊園Loolecondera
紅茶。

2. 錫蘭努瓦拉埃利亞紅茶。

3. 錫蘭烏巴紅茶。

4. 錫蘭汀布拉紅茶。

烏巴
Uva

　　位在斯里蘭卡中央山脈東側，茶園海拔高度1000～1600公尺間。雖與努瓦拉埃利亞和汀布拉相鄰，也同受東北與西南季風影響，卻因高山之隔，氣候相對乾燥，衍生出截然不同獨樹一幟個性。

　　全年皆可產茶，最佳產季為六～九月間，此季，從東部吹來強而有力的乾風，配合陡峭險峻地勢，孕育了烏巴紅茶極其迷魅，宛若森林苔蘚、乾草與辛涼薄荷、肉桂等狂野奔放桀驁不馴之氣。尤其較細碎的BOP、BOPF等級茶葉所帶有的強勁單寧感，更使之成為我心目中最適合調製奶茶的茶款之一，上癮多年，難能自拔。

努瓦拉埃利亞
Nuwara Eliya

　　位於斯里蘭卡中央山脈的最高區域，與全國最高峰Pidurutalagala山毗鄰；平均海拔將近2000公尺，是錫蘭首屈一指知名茶區，人氣直可與烏巴分庭抗禮。最佳產季為每年一二月和六七月。

　　熱帶強烈陽光與高山冷涼氣候，以及終年繚繞雲霧和周遭環擁的尤加利樹與野薄荷香氣薰陶，使努瓦拉埃利亞紅茶擁有清亮細緻的優雅質地，素有「錫蘭茶裡的香檳」之稱。特別是帶有較多芽葉的茶款，更洋溢著清新優雅的花般芳香以及明媚的果香甜韻，非常迷人。

位於汀布拉的Norwood Tea Factory。

烏巴的運茶車。

汀布拉
Dimbula

　　位在錫蘭中央山脈西側高地、約1000～1600公尺海拔高度山區，是錫蘭較早期投入紅茶種植、也是高海拔茶區裡產量最大最穩定的產區。每年一～三月是最佳產季，涼爽的氣溫以及此季吹拂的乾燥西風，造就了美麗的明紅茶色、鮮明厚實的香氣與飽滿柔潤口感。是適合日常天天飲用的平易近人可口紅茶，備受紅茶愛好者們的喜愛依賴。

上、右：在南部Ruhuna茶區的Handunugoda Tea Estate茶廠訪茶試茶。

康提
Kandy

　　位在錫蘭中央山脈中部區域，曾是Kandy古國首都所在地，也是最古老的紅茶產地，錫蘭製茶歷史始於此，愛茶人必定一訪的錫蘭茶博物館也座落該區。

　　茶園分佈於海拔高度約650～1300公尺左右山區，群山環抱，氣候穩定；且因較之前述產區高度略低，茶湯顏色相對較深，滋味渾厚濃郁。

Loolecondera Estate茶廠。

錫蘭紅茶，
那馥郁的濃香

2013年三月，一圓多年夢想，我終於踏上了斯里蘭卡。

憧憬斯里蘭卡原因頗多，然毫無疑問，從事紅茶寫作、研究以至教學多年，聞名遐邇、在全世界茶版圖中領有重量級地位的錫蘭紅茶，絕對是第一探訪重點。

因此，長達十數日的旅程裡，絕大部分時間全在深山各茶區裡轉，經典產地、茶山茶園茶廠茶鋪都留下足跡。

元祖之地，Loolecondera

首站，我們去了位在古都康提東南方的Loolecondera Estate。

雖說現在提及錫蘭紅茶，一般已經極少有人著墨此處，其地理位置距離重點茶區也有一段距離；然而，事前幾經猶豫，卻仍舊在緊湊行程間硬是再擠出空檔，歷經蜿蜒曲折山間迢迢漫長顛簸跋涉抵達這裡。原因在於，Loolecondera Estate，正是錫蘭紅茶的起源誕生地。

十九世紀中葉，原本以咖啡為主要經濟作物的斯里蘭卡，咖啡園紛遭病害襲擊，損失慘重之際；1867年，時年三十二歲、日後被尊稱為「錫蘭紅茶之父」的蘇格蘭人James Taylor帶著來自印度阿薩姆的茶樹苗來到Loolecondera的叢林間，和兩百多位茶園工人一起胼手胝足整地築路、闢建茶園、種下茶樹。

接著，以從印度北部習得的種茶與製茶技術為基礎，融入對當地風土氣候的獨到觀察與精準的揉捻和發酵觀點，研發開創出一系列嚴謹的製茶工序和機器；所製作出的高品質紅茶不僅一舉在錫蘭當地博得絕佳口碑，運抵倫敦後更引起廣泛注意，一舉推動當地茶業漸往鄰近以至其他區域拓展。

到了1880年代，錫蘭紅茶已能與中國和印度鼎足而立，在英國茶店裡占有一席之地；錫蘭紅茶百多年來的輝煌年代，自此開啟。

Loolecondera Estate座落於高度900～1400公尺間、屬中高海拔茶區。和其他同級茶園相似，成畦茶樹間，疏落矗立著一棵棵頎長林木，類似咖啡園的蔭下栽植，一方面涵養迴護水土、一方面稍微遮擋熱帶的炎熱驕陽。

所不同者，茶樹、林樹之外，還有碩大巨石錯落，為茶園風光平添不少嶙峋俊逸之氣。尤其越往深山高處攀登，坡度越陡峭，氣溫越沁涼，纖柔霧靄一縷縷一片片穿飄巨石畔茶樹間，仙氣悠悠，果然鍾靈毓秀所在。

我們來到茶園旁的一處山崖上，那兒，三塊形狀各異的大石前後堆疊，組合成一座樣貌渾樸的石椅，坐下來，成片坡稜起伏山谷與點綴其中的茶園就這麼開開闊闊映入眼簾。

「James Taylor Seat」──當地人為這石椅取了這樣的名字。據說當年，個性堅毅寡言的James Taylor於工作之餘最常孤身獨坐這椅，靜靜凝望眼前美景陷入沉

Loolecondera Estate位在古都康提東
南方，是錫蘭紅茶的起源誕生地。

左：James Taylor Seat。相傳錫蘭紅
茶之父James Taylor於工作之餘最常
獨坐石椅上眺望美景。

中、右：汀布拉紅茶和其優美可愛的
地勢一樣，茶性圓潤。

Handunugoda Tea Estate茶廠的茶葉。

思；藉這美景的療癒，彷彿得著能夠繼續奮戰的動力。

看過茶園，我們走入茶廠。這兒，百多年來依舊原樣持續運作著：可稱全國第一長的廠房格局不變，機器則或許曾有汰換更迭——運轉動力從水車、蒸汽機到電力……然製茶概念仍大致沿襲當年。

茶廠經理告訴我們，目前，採茶工作多在中午前完成，送達廠內後立即攤平進行萎凋，雨季約需十六～十八小時、乾季則十四～十六小時；待水份揮發約四到五成後，再經平揉程序，便進入Rotorvane機，三十分鐘時間內歷經三次揉切、解塊以及約二十分鐘的後段發酵，直至茶葉呈現緊緻細碎程度、轉成深褐顏色，之後以攝氏一百三十度高溫烘乾、再做篩濾、選別、分級，我們日常飲用的紅茶樣貌便大致成形。

由於時間已晚，現場無暇提供試飲，我們直到下山後才終於嚐了從茶廠攜回的Loolecondera Estate的BOPF等級茶款。

一飲入口，錫蘭中高海拔茶款特有的清冽爽勁之氣襲來，茶味濃釅、茶體扎實而充滿個性，與烏巴、努瓦拉埃利亞等名茶相較一點未有稍遜，不負James Taylor之名。

愉悅品飲間，那巨石環抱、雲霧繚繞，一樹樹一葉葉翠綠欲滴的茶園景象，以及古老茶廠裡時時散送著暖熱的、濃厚逼人的芬芳剎那於腦海中鼻翼裡幽幽浮現……

正是這般茶之風土與人的優美交會，造就了這一頁歷史的開啟吧！陣陣馥郁四溢香氣裡，我由衷領會了這一點。

眺望優美茶區，汀布拉

然後是烏巴，整錫蘭紅茶系譜裡我最鍾愛的產區。此程最是朝思暮想心心念念目的地。

烏巴地處斯里蘭卡茶區最東方，交通不便，即使連該國紅茶官方網站也稱偏遠、非一般遊人等閒能及。尤其造訪當時不幸遇上主要路段關閉維修、需得另外繞路而行；事前估算，從落腳的Hatton開車前往，單趟至少需五個小時車程方能抵達，再加上時逢雨季道路濕滑，更增變數。

由於行程原已非常緊湊，再加上前一日另一半已因茶路顛簸而出現嚴重暈車症候，遂更加猶豫。

但夢寐多年之地已然在眼前，怎麼樣都不想輕言放棄——強烈不甘心之下，頓然憶起出發前蒐集斯里蘭卡交通資料時似乎曾瞄見還有另種可能性，遂當堂發狠做下無比瘋狂奢華決定……

立即聯繫當地旅行社詢問，可喜馬上都能安排。價錢則果如預期讓人大嚇一跳冷汗直流，但既已下定決心不計代價都要圓夢，現實問題且就先拋諸雲外以後再說。

隔日一早，懷著不知是否因

烏巴茶區風光。

豪擲太過因而些許湧現的暈眩般興奮心情，我們乘車來到鄰近的小學操場，耐心等候約一小時左右，期待中的直升機從遠方翩然飛抵，一刻不停留，我們立即搭機起飛。

才升空未久，當Hatton所在的汀布拉茶區就這麼居高映入眼簾之際，我瞬即領會，無論如何，這錢花得值得！

與烏巴、努瓦拉埃利亞等地不同，汀布拉素以地勢和緩、坡稜優美起伏聞名；饅頭似的一圓圓茶山，茶樹如畫圈般一圈圈整齊排列，煞是可愛，灰白色茶廠建築則一幢幢散佈茶園間，屋頂上一律印記的茶廠編號空中清晰可辨⋯⋯

以往茶書裡看得熟稔的景象，沒料到這會兒竟能親身登臨、親眼俯瞰，實際從產區地形紋理扎實對照汀布拉紅茶之沈著圓潤茶味茶性果然其來有自，當下激動不已。

生意怒放，抵達烏巴

沒多久，直升機逐漸飛離汀布拉，窗外景象從茶園成畦一轉而為一片片一階階梯田稻作千頃，是斯里蘭卡另重風貌，同樣美麗。

之後，隨著海拔漸高、山勢越陡，直升機降落在Haputale山區一處空軍基地，轉搭廂型車直入核心茶區。車子於曲折蜿蜒山間一路蹦跳喘息，好容易來到知名莊園Dambatenne Estate。

Dambatenne Estate高度約在海拔1500公尺以上。發展歷史十分顯赫悠久：其於十九世紀末期由著名茶品牌Lipton之創始人Thomas Lipton創立，之後四十年，始終是這位紅茶歷史上超重量級人物的鍾愛之地，與該品牌之早期成形、發光繼而邁向世界息息相關。至今，Dambatenne Estate雖已不再隸屬Lipton旗下，但仍是烏巴地區首屈一指的優質莊園。

果然一入茶山，剎那天氣丕變，冷涼空氣、亮晃晃烈陽、滂沱大雨、沈沈厚霧極其戲劇化地在短短半日內輪番交錯上演。茶廠人們還說，到了乾季，還有從東部吹來的強烈乾風，又是另番截然不同氣候⋯⋯

地貌地勢也甚是不同，大半地方坡度陡峭如崖，練得採茶人們個個身手矯健猿猴般飛速上下攀爬其間，令人嘖嘖稱奇。茶樹則陡坡上一叢叢拔地怒放，周身盡是不馴之氣。

離開茶園，我們來到製茶廠。因高山氣溫低加之雨季潮溼，此時期送入廠內的茶菁都借助大型風扇送出的溫風進行萎凋，約在十二～十四小時內完成；待水份揮發大半，再經平揉程序，便進入揉切機進行三次揉切、解塊同時發酵，總長約三小時；直至茶葉緊緻細碎、轉成帶著潤澤的褐紅，以攝氏一百三十度高溫烘乾十八分鐘，再做篩濾、選別、分級、包裝出廠。

Dambatenne出品以碎葉紅茶為主。

一如對烏巴茶的既定印象，Dambatenne出品以碎葉紅茶為主，BOP、BOPF、甚至碎如粉塵的Dust1是最常見的分級。

是的。就是這極其陡峭且劇烈多變的地貌風土氣候，以至細緻的重重揉切篩分，方造就了烏巴紅茶讓我深深沈迷多年的馥郁濃厚狂野芬芳。

好在有來！細細品著這原產地裡似乎更顯濃釅迷魅滋味，我深深慶幸。

南部茶區，重溫馥郁的濃香

中部茶區旅程結束，我們轉而南下，一路迢迢來至最南端的、隸屬Ruhuna茶區的Galle。沿岸低海拔產地，與高山險峻景象大不同，園田平坦熱陽逼人，茶樹混生於椰子、肉桂、胡椒、香茅、甚至咖啡樹間，葉片油綠肥碩，茶體厚實，別是另番不同風味。

而也在這一段又一段的茶之行腳中，較之既往的純粹紙上閱讀、杯中品飲，對錫蘭紅茶於是又有了更新更深入更不同的認識與啟發。

而且，越是深入產地越是發現，斯里蘭卡之茶景況茶風景，以至常見茶款類型與飲茶方式，都與我們的既有認知存在不小的差異。

比起印度紅茶分級之繁複冗長，錫蘭紅茶等級原就較顯基本：以往一般市面上較熟習常見者，多半就是OP、FOP、BOP，等區分，簡單易懂。

然即使如此，實際上在當地所見，和印度狀況頗相似，這些分級大部分只存在於高級茶鋪或外銷品牌，一般在地茶店甚至茶廠的絕大部分出品幾乎全不是這規矩。

較大葉片的OP、FOP都少見了，碎如粉塵的Fanning、Dust外，BOP、BOPF、BF才是主力；即連普遍認知位階、品質與價格皆高的高海拔茶區也不例外。

在一家又一家製茶廠裡，一次又一次看著一台台Rotorvane揉切機，旋轉著將已先經過萎凋與平揉的芽心葉片進一步反覆揉捻而後切碎，再經過重重篩選、分級，成為極細碎、幾乎不見條索的茶葉，空氣裡隨時充盈著新鮮清洌但濃重的茶香。

所以，在斯里蘭卡喝茶，純飲是極少見的，定然加入牛奶和糖。且這糖，依照在地慣例，可絕非點綴性質，而是一滿匙一滿匙杯裡猛灑，下手之重，甚至被戲稱為「足以讓茶匙在杯中站立」。

當然這甜度於我是完全無法消受，只能一路苦笑推辭不停推過來的糖罐，酌量小半匙意思到了就好。

但茶味，真好！雖說不同茶區、茶廠自有不同風格路數，然一致是香氣滋味實實在在，微澀裡透著清晰明亮、豐碩奔放的厚度、個性與力道。純純正正紅茶本色，喝著，總不知不覺湧現一

Ceylon Tea Trails旅館一景。

股彷彿久違了的懷念感。

是的，這些年，隨歐日菁英級茶領域在潮流上的一味追求清雅高香，類似印度春摘大吉嶺甚至日本煎茶玉露等那般空靈縹邈雲深不知處的風味蔚成主流後，頂級紅茶市場遂也跟著盲目追高……紅茶的本來特色與魅力，似乎就這麼被悄悄淡忘。

但好在，作為經典產地之一的斯里蘭卡，還仍大多數固守在這裡；和十九、二十世紀，紅茶自亞洲西傳歐洲繼而風起雲湧、從皇室到平民均紛紛沈迷拜倒之際，依舊一模一樣。

是可以日日時時平心靜心飲用，暖口暖胃暖身的味道。

再次連結上，我之最早戀上紅茶、繼而沈迷無可自拔的初衷，好生受用。

山巔水畔，悠然茶時光

而比之茶園茶廠中一回回專業上智識上的精進，讓我牽心感動、留戀不能捨的，還有那一段又一段的，悠然茶時光。

大英帝國百年統治歲月所留下的遺風，紅茶，在斯里蘭卡的常民飲食生活裡仍舊占有著極其重要的位置，且從形式到氛圍也顯得格外閒情優雅，非常迷人。

比方此行所下榻的幾處旅館之正統英式下午茶排場便不同一般，彷彿直接連結上英國殖民時代的輝煌，神往不已：

首先是本身就位在汀布拉精華茶區、在茶界與旅館圈均頗有名氣的Ceylon Tea Trails旅館。Ceylon Tea Trails是由當地大名鼎鼎紅茶品牌Dilmah所經營的頂級旅宿，共擁有四幢獨立的bungalow：Castlereagh、Summerville以及Norwood和Tientsin，各自座落於山間水湄處，屋舍落成年代則在1890到1939年間，雍容典雅殖民時期建築，風格各擅勝場。

我們選擇入住的是Summerville，喜歡它相對僻靜的位置且僅只四個房間的小巧規格，尤其緊鄰湖畔，景致十分優美。

茶家經營的旅宿，不僅周遭茶園茶林環繞，成片映照湖上碧綠如洗無比宜人，還能實地參觀旗下Norwood茶廠的製茶過程；每日午後固定供應的正式下午茶宴更是讓人難忘。

茶宴地點在起居室外的長廊，一整排正面朝湖以及近處的茵茵綠草坡與周遭環抱的翠山碧林山村茶樹成畦。茶宴排場極是典雅端麗：形式古典的碩大茶壺、美麗茶杯，高高堆疊的三層點心塔，沈甸甸的叉匙餐具，不愧紅茶莊園風範，閑靜典麗，怡然而樂。

南方濱海古城Galle的Amangalla，數百年歲傳奇旅館，一樣也有午茶時光；時間一到，住客們就可在高闊寬廣的大廳裡任享。

內容較之Ceylon Tea Trails要稍微簡單些，茶以外，就是一砵烤得噴香暖熱的scone鬆餅配上酸奶油和手工果醬，佐上徐徐吹來、

Ceylon Tea Trails的午茶。

帶著南國濕潤暑熱氣息的海風，陶醉非常。

還有，前往烏巴茶區途中，因緣際會被請進當地機場空軍基地軍官休息室小憩，駐守的軍官殷勤招呼我們喝茶。

當刻，身著筆挺軍服、手戴白手套的阿兵哥笑咪咪端出一整托盤好漂亮古典細瓷茶具，按照當地慣例，加了多得嚇人的糖，甜得讓人簡直要開始頭疼起來；然沒話說，茶味茶香依然一點不含糊。

但細細數來，最最難忘的一回，卻全不在這些端莊華美地方，而是，烏巴茶山頂上僅能容身的簡陋小茶亭。

那日，冒著突來的大雨，車子在坡度寬度均艱險的羊腸小徑間一路蛇行攀上山頂，抵達赫赫有名的「Lipton's Seat」。

是的，這裡便是這國際知名茶品牌的最早發跡地。當年，創辦人Thomas Lipton在此遍植茶樹、開啟茶業。而這山尖兒上的小小平台，據說就是他最喜愛的、可以居高俯瞰旗下茶園景觀的絕佳位置。

只遺憾天緣不巧，那當口，厚厚雨霧雲靄籠罩，極目四望俱是白茫茫一片，很是掃興。

無奈中，只得悻悻然來到一旁茶亭，簷下小凳上坐下暫歇躲雨。沒料到，只是簡單點了茶和茶點，這靜無人煙荒山野地裡，竟一樣也是正正式式瓷壺瓷杯瓷糖罐浩浩蕩蕩送上——只除了沒有冷藏設備所以不供應牛奶，其餘完全就是星級旅館午茶陣仗。

一嚐入口，茶味濃厚、勁道十足，果然道地烏巴氣味。點心則是熱騰騰現炸的Dosa，咖哩肉餡辛香馥郁，配茶剛剛恰好。

不愧泱泱茶國度身段，由衷折服。

在空軍基地的軍官休息室，享用午茶時光。

在Lipton's Seat躲雨時，在山上的小茶亭，吃到了星級旅館等級的午茶。

Amangalla 的午茶時光。

中國
China

內蘊精深，工夫茶獨樹一幟

　　中國是茶的起源地，也是紅茶誕生與發光之地。如前面歷史篇所述，最早始於福建武夷山桐木村的正山小種紅茶，並逐步於福建各地演變為更精緻的工夫紅茶後，於1870年代流傳至安徽祁門以至江西、湖北各地。

　　此段時間也同時是中國近代紅茶產業的黃金期。即使紅茶問世後，因常民口味習慣，在當地始終不曾成為主流茶飲；但來自西方的大量需求，使中國紅茶無論製法、品質、產量都飛速發展，出口量屢創新高。

　　然好景不常，十九世紀末到二十世紀前半，印度、錫蘭等新興紅茶產國挾大規模資金、勞力與機械化優勢全面崛起；加之內戰外戰頻仍無暇他顧，世界紅茶重心全盤南移，曾經榮景盡成過去。

　　直到1950年代後才開始逐步復甦，重建茶園、扶植產業。此之後，紅茶種植區域也開始往四方拓展，江南、西南、華南茶區之雲南、四川、浙江、湖南、廣東、廣西、貴州、海南等地一一納入製茶版圖，遍地開花。且在既有工夫紅茶之外，為與南亞各國競爭，也開始投入生產此刻蔚成主流的Orthodox碎紅茶。

　　至今，中國紅茶雖在產量和市占率上仍難與印度、錫蘭匹敵；但悠久人文歷史涵泳而成的製茶工藝與精深內蘊，以及廣漠國土所擁有的多樣風土地形氣候條件，使中國紅茶不管在多樣性、精緻度與複雜度上都精采絕倫。

　　特別是工夫紅茶與小種紅茶，更是中國獨樹一幟的特色茶類。尤其工夫紅茶，是以高度精製工藝製作而成的上等茶，外

1

2

3

4

型緊實細緻、風味秀麗高雅。可分為小葉工夫與大葉工夫兩種，前者以灌木型小葉種製成，如安徽祁門工夫即屬之；後者以大葉喬木品種茶葉製成，以雲南滇紅工夫為代表。

其餘名茶還有：湖北的宜紅、四川的川紅、福建的閩紅（包括政和、坦洋、白琳三大工夫紅茶）、廣東的英德紅茶、江西的寧紅、江蘇的蘇紅、湖南的湘紅、浙江的越紅、廣西的桂紅、貴州的黔紅等。以祁門紅茶、雲南滇紅以及正山小種最具國際知名度。

1. 金駿眉紅茶。

2. 祁門紅茶。

3. 正山小種紅茶。

4. 滇紅紅茶。

正山小種
Lapsang Souchong

　　公認應為紅茶始祖的正山小種是一種帶有迷魅煙燻氣息、味道濃烈的紅茶。產於福建崇安縣桐木村一帶，武夷山北段海拔約1000～1500公尺處，氣候冬暖夏涼，終年雲霧籠罩。

　　正山小種紅茶在製作方法上較一般工夫紅茶在發酵後還多了一道稱為「過紅鍋」的鍋炒步驟，可使茶葉停止發酵，也令茶湯更紅亮、滋味更厚實；製程最後再以松柴燻焙烘乾，形塑出自成一格的獨特煙燻、龍眼香氣。

松煙燻香，風靡西方

　　說起此茶的發軔，有一真假難辨但流傳廣遠的有趣故事：據說在明末期間，有一支軍隊路過桐木村、駐紮於茶場。時逢採茶季節，士兵們於是以滿地的茶菁為床睡了一夜。結果，茶菁因受壓與放置過久而發酵變黑，製茶人在不得已之下，只好找來製茶師將茶菁進行鍋炒，並取當地產馬尾松為柴薪將茶燻乾。

　　新種紅茶誕生，雖一開始並未在本地市場掀起漣漪，但在運往福州銷售時卻因緣際會受到外商青睞，尤其本身鮮明濃郁的松煙燻香頗投合歐洲人的胃口，紛紛大手筆訂購；自此聲勢看漲，不僅揭開紅茶風靡西方數百年序幕，至今，正山小種紅茶仍是歐洲最為人熟知的中國紅茶之一。

麻栗區的紅茶，香氣質地有高山氣的輕盈。

上：在武夷桐木村的正山茶業試茶。

右：正山小種紅茶最後一步會以松柴燻焙烘乾，因而形塑出獨特的煙燻龍眼香氣。

中國武夷・紅茶原鄉

「這哪是茶園,是茶山吧!」——走入武夷山、行入桐木村,望著車窗外一幕幕飛掠而過的景致,我深深驚奇。

沈醉、研究、寫作紅茶多年,卻是直到2011年秋初,在廈門茶友熱情邀約與安排下,我才終於一償多年心願,來到中國閩北武夷山,這傳說中的紅茶起源地——「正山小種」之鄉。

武夷茶名冠天下,最是顯赫者首推武夷岩茶——大紅袍、白雞冠、鐵羅漢、水金龜……無數名茶奇種,自古至今始終深深撩動茶人心。近幾年,更有紅極不可方物的新種紅茶「金駿眉」,較之岩茶來更加一葉難求、貴比千金。

然事實上,中國以外,特別在西方,對於真正紅茶愛好者而言,聲名更在此二者之上的,卻是這兒的傳統紅茶、也是我的此行探訪重點——正山小種。

綜合各方史料所載:四百多年前,據說出乎偶然而生,松柴燻乾、完整發酵的全新製茶法,孕育出帶著金紅顏色、醇厚口感與迷人燻烤香的獨特滋味。

創生之初雖不曾在當地掀起任何漣漪,然遠渡重洋後,卻在歐洲風起雲湧,開創了西方數百年的紅茶飲用史;而這來自東方、最早被稱為「Bohea」的奇異飲料,也成為日後幾乎蔓延大半個南亞之廣漠紅茶版圖的始祖。

也因此,數百年來,這茶在武夷山區萌芽、採摘、製成後,一刻不停留,隨即運下山來,在鄰近的星村鎮集市、交易,再沿九曲溪船運而下,一路經福州、在廈門港出口,迢迢送往歐洲。

炙手可熱程度,周遭其餘區域紛紛仿效,但品質無論如何都無法與正宗武夷出品相比,遂冠以「正山」之名,以與其餘「外山」仿品為區隔。

然歷史造化弄人,紅茶漸成歐洲、尤其是英國人依賴甚深的日常飲料後,不願全面依賴中國的供應,決意開始在如印度、錫蘭等南亞殖民地開闢茶園發展茶業;新茶崛起,正山小種盛況於是逐年走向稀微。

但是,也許正是因了這沒落命運,茶山復歸平靜、休養生息;之後,不僅被劃定為國家級自然保護區,1999年更因其豐富的自然生態與歷史文化價值,獲聯合國教科文組織頒定為世界遺產。

鍾靈毓秀,武夷茶山

當日,驅車往山區行,沿途見滿山遍野茶園處處、一畦畦仟陌行列整齊,綠意油油,煞是好看。

然一入山,特別過了警衛森嚴的自然保護區檢查哨,進入正山小種產區地界,景象丕變。崇山疊翠、溪澗處處,茂林翁鬱、雲氣繚繞,果是鍾靈毓秀之地。

但是,茶園呢?我滿腹狐疑著。

「到處都是啊!」當地人呵呵笑著,朝著四周手一揮……

武夷山因茶而舉世聞名，1999年更獲
聯合國教科文組織頒定為世界文化遺
產。

武夷山傳統正山小種製茶廠「青樓」。

是的。與我過往的茶鄉探訪經驗大相逕庭，原來，這紅茶原鄉並無茶園，而是一任放諸天然：武夷自然保護區山間，海拔約800～1500公尺高度，茶樹就在這其中，這一落那一落、這一叢那一樹，各自疏落掩於竹林間老樹下山岩上，與天地草木和諧共生。

我們首先拜訪的是，在正山小種與金駿眉之製作上頗具重量級地位的「正山茶業」與「駿德茶廠」。

參觀茶廠前當先品茶。不愧正正宗宗原產地高山出品，比起充斥市面的外山所謂「煙小種」來，這兒的正山小種，果如我之前曾幾次偶然求得的上品，茶色清透泛金，優雅綿密的松煙燻味裡透著圓熟的熱帶水果香，茶味清亮、厚實有力，餘味，則是高冷茶特有的清揚花香與甘柔雅韻款款綻放。

駿德茶廠廠主梁駿德說，茶之好，首先得力於自然環境條件，

茶樹於武夷山間坡稜貧瘠的礫壤土地上野放般恣意而生，不施肥不打藥，長成活潑潑強壯根底；製茶則一年僅只一季，暮春五六月間，深山冷涼多雲多霧多濕，此時期一整天日曬不過六小時，芽葉鮮嫩，成茶後自是味潤水甜……

還看了幾處當地自古來製茶燻茶、稱為「青樓」的木與磚造樓屋。以駿德茶廠的青樓為例：

樓屋共分四層，底層為柴爐，取當地產馬尾松入爐燒成旺火，熱力與松煙透過中間樓板的磚縫和竹蓆往上飄送；二樓是高溫層，設為烘茶室，一籮籮經萎凋、發酵、揉捻、鍋炒後的茶菁攤於木架上燻製烘乾；三樓為中溫層，毛茶在篩選精製過後需在此進行「復焙」方能包裝出廠；最上層則為低溫層，一開始剛採摘的茶葉先送入此處鋪開來進行萎凋……

數百年逐步形成的正山小種精妙製作工藝，在此一目瞭然。

——原來，此茶素來令世人為之傾倒沈醉的迷魅燻味和甜熟桂圓香是如此而來，親身眼見領略，心中無比澎湃……

紅茶新貴：金駿眉

出於好奇，我們也順道探問了金駿眉的發跡緣由。

當年主要研製者之一的梁駿德說，這新貴茶款最早緣起於2005年，幾位來自北京、常在當時他所任職的正山茶業品茶喝茶的資深茶客，建議他們在正山小種之外，不妨試試開發更頂級的新茶。

遂而，幾度研商試做下，就這麼做出了僅取最鮮嫩芽尖、細細揉捻發酵，不做煙燻、純用電焙烘乾的新茶。當時為新茶命名：「金」以形容芽尖的閃閃光澤、「眉」以描繪茶葉纖柔形體、「駿」則取的是製茶者梁駿德名字中的「駿」字。

新茶問世，但因量稀成本高

用以製茶燻茶的「青樓」。

駿德茶廠的正山小種，茶色清透泛
金。

（據說四百斤鮮葉只能做得八斤茶乾）且工法繁複，初期原只是少數愛茶者間流傳的逸品，卻因一關關往上送禮，意外得政界高層青睞，從中央往地方尋問，因緣際會聲名飛速爆紅竄起；各方炒作下，不僅價格益發一日千里且還仿品橫行、真偽難辨，蔚成紅茶界裡的奇異現象。

金駿眉狂潮帶動了武夷的茶藝復興。

所以，既已身在這新茶產地，當然不肯錯過這難得機會，遂從最原初誕生地的正山茶業、茶師梁駿德於日後自立門戶的駿德茶廠以及幾處茶農人家，順道試了多款不同出處的金駿眉。

果然，細細品來，一般介紹形容文字裡經常提及稱道的溫雅甘薯香、甜潤蜜味、芬芳荔枝果香與新鮮蘭花瓣香氣款款流露，確有丰姿。

然坦白說，若言我個人喜好與評價，尤其從當下之價格表現比看，金駿眉雖自有其高香奇氣，但以紅茶標準論，總覺稍稍欠缺全發酵茶固有的扎實血肉和茶底。且再與中國其餘歷史悠久已成傳奇經典之半發酵茶、比方同出武夷的各款岩茶相論較，骨幹樣態之特出程度，似也不見得有以過之……

但毫無疑問，拜此金駿眉狂潮之賜，早已靜寂消沈的武夷紅茶終於鋒頭再起：據當地人說，曾經2005年，正山小種茶區只剩得

兩家茶廠苦撐；結果，金駿眉一出，鼓舞許多原本已經荒了茶園轉作其它營生的茶農紛紛回頭重新投入，至今，山中熱熱鬧鬧超過數百茶家，群芳競豔，不啻新一波茶藝復興。

遺世獨立，麻粟茶村

隔日再度入山，我們往更高更偏遠、海拔超過1200公尺以上的麻粟茶區前進。

此程來回各近三小時，山路之難，雖說早前已有所聞，然實際到訪仍讓我們大為吃驚：狹路崎嶇叢草泥濘亂石滿佈，車身一路瘋狂蹦跳顛簸，時不時窗下一看便是萬丈深淵，引得我們驚呼尖笑連連，刺激非常。

所幸不負此艱難跋涉，麻粟，好個離塵絕俗世外之境！群山環抱的這處靜謐山谷，林樹蔥翠、屋舍儼然；而自在生於林下草邊溪旁、許多看來均頗見年歲的老茶樹們，細細俯看，但覺葉芽嫩

綠亮澤，精神生意似是不同平
常。

　　與麻粟茶農們聊天喝茶，都說
這兒的住民大多在清朝乾隆時期
起就已落腳此處，數百年來安安
穩穩種茶做茶，自給自足與世無
爭。

　　近些年來，雖因金駿眉風潮的
席捲而引來不少注意，但因交通
畢竟仍是不便，遂還能以著自己
的步調，並在傾心此地風土、不
惜遠道移居的茶專家指導下，依
循單欉茶樹特性與茶工藝之多元
可能性，徐徐嘗試、探究，孕育
出如「欉首」、「茗娘」、「赤
甘」、「紫筍」、「野山紫叟」
等等奇種茶款，各見風貌。

　　而更高海拔之獨特環境條件所
鍾，這兒的正山小種也頗不同：
和柔松煙氣息下，香氣質地更輕
盈，透著更高更秀逸的高山氣，
別是另番迷人氣韻。

離塵絕世的麻栗區，海拔更高，俯身
一看老茶樹，葉芽嫩綠、生機盎然。

祁門
Keemun

　　產於中國安徽祁門，此區本是綠茶產區，後於1875年自福建引進紅茶製茶技術，1876年試製紅茶成功，自此成為中國紅茶裡最受茶饕們矚目的一員，1939年甚至總產量達於全國紅茶的三分之一。

　　曾於1915年於巴拿馬萬國博覽會上奪得金質獎，與印度大吉嶺、錫蘭烏巴並稱世界三大紅茶，價格屢飆新高。

洲茶醇厚，祁門香雋永

　　茶園均分佈在海拔約100〜350公尺的峽谷與丘陵地，土地肥沃，氣候溫和多濕、日夜溫差大，雲霧和雨水均極豐沛。主要產季為每年五〜九月間，以八月品質口碑最佳。

　　當地大小溪河密佈，沿河兩岸狹長地區沖積出許多河洲，由於這些河洲的土壤非常肥沃，在此種植的茶樹所製出的紅茶稱為「洲茶」，品質不凡，是祁門紅茶的上等貨。

　　上好祁紅工夫茶色豔紅，帶有飽滿的香料、花、蜂蜜與焦糖香，世稱「祁門香」、「群芳最」，滋味醇厚雋永。

滇紅
Yunnan

　　產於雲南，和祁紅工夫茶並列為中國兩大頂級工夫紅茶。口碑評價雖高，但在中國紅茶系譜中可算後起新兵，於1938年左右才正式試製成功。

　　主要茶樹品種為與印度阿薩姆略有親緣關係的雲南大葉種，是中國較少見的大葉種紅茶。也由於滇紅茶外型雄壯肥碩，且擁有繽紛的金黃橙黃各色芽毫，非常漂亮，遂而甫問世便迅速引起各方矚目，據傳英國女皇還曾經將其置於玻璃容器中作為觀賞之用。

飽滿雄渾，滇西產區最佳

　　雲南位處中國西南邊陲，地勢西北高東南低，因而可以阻擋西北大陸性氣候的侵襲、又有來自印度洋的溫暖季風滋潤。主要產茶區位在海拔1000～2000公尺左右，終年雲霧繚繞，日夜溫差大、但全年平均溫度卻極穩定，得天獨厚的風土地利條件，無怪乎短短時間內便一舉躍為明星茶區。

　　茶區分佈於滇西、滇南兩地，其中以滇西茶區的鳳慶、雲縣、昌寧等地所產為最佳。上好的滇紅茶葉肥腴勻潤，茶湯色澤紅亮，香氣上流露暖暖的襲人甜香，一飲入口，馥郁飽滿的滋味裡尚透著雄渾的個性，非常迷人。

三雄
之外

四大特色產區，各有其香

　　世界紅茶產國雖多，但一一細數，除印度、中國、錫蘭三雄，其餘大部分均以大量生產、專供拼配與茶包之用的低價碎茶或CTC為主力，在產區特色、重要度和多樣性上都不值一提。但還是有些產區值得注意：

肯亞
Kenya

　　繼南亞各國之後，進入二十世紀，同屬西方列強殖民地的非洲也成為另一大規模發展紅茶產業之地，主要集中於東非高原地帶。二次世界大戰後各國雖紛紛獨立，但紅茶仍為當地重要經濟作物，種植規模與產量均極傲人。其中以肯亞最受矚目。

　　肯亞的紅茶種植始於1902年英國殖民時期，1963年獨立後，小規模茶園開始普及。主要產茶區位於肯亞山脈和西側的高原與山谷、海拔約1000～2700公尺處。全年都可生產，最佳產季為一、二月與六月。

　　所產紅茶超過九成以上都為CTC紅茶，僅有少部分小型特色茶園生產Orthodox傳統紅茶。高品質的肯亞紅茶滋味濃郁醇美，洋溢清爽的水果、穀類和香料香氣。

1

2

3

4

1. 肯亞Marinyn紅茶。

2. 尼泊爾紅茶。

3. 日本宮崎紅茶。

4. 日本奈良月ヶ瀨紅茶。

尼泊爾
Nepal

尼泊爾紅茶主要種植區位在喜馬拉雅山麓，海拔900～2100公尺間，緊鄰印度大吉嶺和錫金。

不僅地形、氣候、產季與風土條件相同，且因茶樹與茶法都源於大吉嶺，風味也與大吉嶺極神似，洋溢優雅花香和白色水果香，口感柔和清亮。

印尼
Indonesia

印尼是世界最早的茶葉轉運站。約在西元1610年左右，荷蘭東印度聯合公司首先利用印尼爪哇島為集中與轉運地，從日本、中國引進茶葉與茶器茶具，在茶葉早期貿易史上擁有舉足輕重地位。

十九世紀初，荷蘭東印度公司首度在爪哇島上嘗試以來自中國的種子種植茶樹，但並不十分成功。直到後期引進來自印度的阿薩姆茶樹後才開始迅速發展。

主要種植區域在爪哇中西部與蘇門答臘北部，氣候乾燥溫暖，一年四季都產茶，但以七、八、九月為最佳產季。印尼紅茶滋味清淡溫和，主打平價市場。

日本
Japan

　　雖然在紅茶世界裡極少被提及，但日本也是紅茶產地之一；產量雖少，但北自長野南至沖繩都有出產，所以，在日本茶與紅茶專賣店裡也偶見在地產紅茶影跡。

　　日本紅茶種植始於1870年代明治初期。當時世界大勢，紅茶已然完全取代綠茶，成為西方紅茶品飲重心，原以綠茶為出口主力的日本不得不隨而轉向紅茶；派員遠赴印度阿薩姆、大吉嶺與中國等地學習製茶知識、技術，帶回茶種，並於鹿兒島、福岡、 靜岡、東京等地設立紅茶傳習所，正式投入紅茶製造與生產。一路發展，至1955年，全國出口量曾達八千多噸。

　　之後，隨二次戰後經濟起飛，國產紅茶在價格上慢慢失去競爭力，再加上1971年紅茶貿易自由化的嚴重打擊，更是雪上加霜。

　　此之外還有溫帶風土的侷限，缺乏適合紅茶種植和製作的環境。嚐過幾處產地紅茶，多偏溫文含蓄，少了點兒扎實勁香和單寧感；特色與精采度完全無法與日本綠茶相較。

　　至今，日本紅茶主要於紅茶愛好者與崇尚在地產食材的小眾族群間流通，不算主流。如靜岡的丸子紅茶、三重的伊勢紅茶、奈良的月ヶ瀨紅茶、佐賀的嬉野紅茶、宮崎紅茶、鹿兒島紅茶、沖繩紅茶……等，都是經典茶款。

part 4
紅茶
台灣

和大多數紅茶愛好者一樣，早在二十年前初初踏入紅茶品飲
與寫作領域之際，老實說，我心目中的世界紅茶版圖，其實
並無台灣的位置。直至看了飲了天下無數好紅茶後，與我在
其他飲食類目的鑽研與領會歷程近似，回過頭來，我於是開
始好奇著渴望尋覓，童年印象裡依稀曾經存在的，台灣紅茶
影跡。

因而知曉了，二十世紀前葉，台灣最早原本曾是重要紅茶產
地，直至七〇年代後，因產業環境改變、外銷競爭力萎縮等
種種原因，竟而逐漸沈潛凋零。

直至九〇年代末期，新一波紅茶風潮吹起，才在各方因素推
波助瀾下，台灣紅茶一步步走向全面復興……

紅茶的芳味
紅茶飲會落喉味　是溫暖出的喉的記智　的歌詩

紅茶的芳味
愈老愈好
攏總退時　是歷史的堅持

感情的生理
愈做愈甜

馬年冬尾
卜倫汝定　一個美麗的約會
初五來坐

紅茶
復興

紅玉國際飄香，台茶再創璀璨時代

「台灣有好紅茶嗎？」十數年前，自家網站留言板上經常聚在一起討論紅茶的網友們，提出了這樣一個問題，激起了我的高度好奇。

當時，個人興趣加之寫作關係，格外用了許多力氣，專注於紅茶的涉獵與鑽研上。所以，接連走訪了倫敦、東京、巴黎……等幾個赫赫有名的紅茶城市，茶櫃子裡蒐集的茶樣，也從印度、錫蘭、尼泊爾、中國、印尼、甚至肯亞……幾乎較知名較具代表性的產區茶種，都大致包羅了。

然而，台灣呢？台灣的紅茶呢？那當口，我開始疑惑了起來。——說真的，身處茶之人才風土物產鍾靈毓秀薈萃之地台灣，明明也是聞名遐邇震古鑠今的頂級優質茶產區，凍頂烏龍茶高山茶文山包種白毫烏龍之赫赫聲名遠揚全球，但紅茶，於本地市場已然越來越發展得普及精深的這項茶飲，卻為何好像邈邈不見蹤跡？

印象裡，台灣應該是產過紅茶的。記得小時候，在許多地方都還偶而看得到如日月潭紅茶、花蓮鶴岡紅茶的影跡，可惜那滋味已經不復記憶了。雖說街頭巷尾遍見各種泡沫紅茶店，然而用的多半是東南亞等地進口的廉價貨，並非台灣血統。

讓我萌生一探究竟的念頭。

1

2

3

4

1. 台灣魚池台茶18號紅茶。

2. 台灣阿里山紅茶。

3. 台灣花蓮蜜香紅茶。

4. 台灣魚池台灣山茶。

誕生、沒落與再起

回看歷史，台灣紅茶產業的起源，最早應可追溯到日治初期，當時，殖民政府一方面為與已漸成全球貿易主流的南亞紅茶相抗衡，一方面不使台灣在綠茶項目上成為日本的敵手；所以，早自二十世紀初，在日本當局與茶商三井公司的攜手合作下，首度在北台灣開始種植、試製紅茶。

其時，紅茶茶樹來源主要為中國的小葉種茶樹。比方在台北縣石門、三芝、北新庄等地，便有中國引進的「硬枝紅心」品種、作法上則類似祁門工夫紅茶的「阿里磅紅茶」；我曾偶然得到一些，嚐來與傳說中評價類似，香氣馥郁、然滋味與濃度略顯不足，故雖曾引起一些注意，卻並未激起太大的迴響。

另外，在南投山區也發現有原生台灣的野生茶種「台灣山茶」，並取以試製成紅茶，雖然評價不錯，甚至被認為湯色茶味不輸立頓紅茶，但也未成主流。

重要轉捩點發生於1920～30年代間，從印度阿薩姆引進大葉種茶樹在南投的埔里、水里、魚池一帶培植並生產，尤以魚池茶區，因風土條件的得天獨厚，整體表現最優異，並進一步行銷海外，獲致極大的成功。

當時，除了魚池當地，在南投埔里另有東邦紅茶公司，以自緬甸攜回的Shan大葉茶種在南投種茶製茶；新竹關西則有台灣紅茶株式會社、錦泰茶廠，各擁一片天。而也由於台灣紅茶品質優異，在各國間頗受肯定，約在1930年代後期，紅茶更一度超越其他茶類，成為台灣茶業重心。

沈潛時期：進口茶風光

二次世界大戰後，日本殖民統治結束，台灣紅茶盛世仍然持續。1960年代，茶園版圖進一步拓展到東部的花蓮鶴崗與台

台灣紅茶在1930年代後期一度成為台灣茶業重心，但六、七〇年代起茶業景況衰退，本土紅茶廠風光不再，改以進口茶為大宗了。

上：南投魚池鄉的阿薩姆紅茶。

下：昔年台灣紅茶包裝。

東鹿野。

此番榮景大約維持到六、七〇年代，因整體茶業景況丕變而逐步衰退。特別在1970～1980年間，全球能源危機加上台幣升值，外銷競爭力萎縮，內銷市場抬頭，在國人喜好需求主導一切的情況下，青茶類如烏龍、包種等蔚成主流，台灣紅茶產業於是就這麼漸漸沒落；滿山茶樹若非任其荒廢，便是拔除改種檳榔。

到後來，台灣紅茶大約只剩南投魚池一帶還有零星種植。花蓮鶴岡方面，原本由土地銀行經營的鶴岡示範茶場於1998年關場之後，竟也再難得見影跡。

即使進入八〇年代，平民茶飲勢力抬頭，街頭巷尾泡沫紅茶茶攤茶店遍見，包裝紅茶飲料借助便利超商零售通路體系全面深入百姓家，紅茶茶包更逐漸成為辦公室與簡餐咖啡館中隨處可見的尋常茶風景，但也幾乎全非在地本產。

影響所及，台灣茶曾經輝煌的出超態勢正式走入歷史。——為因應逐年遽增的龐大需求，來自錫蘭、越南、印尼的廉價細碎型紅茶葉大量進口，並於九〇年代超越出口量，台灣正式成為茶葉進口國。

茶藝復興：本土茶精緻化

這番沈潛光景一直持續到九〇年代末期，才在各種因緣聚合與政府相關單位、茶農與業者們的努力下，終究又漸漸透出曙光。

在我的觀察，此波新紅茶風潮的吹起，與當時發生於城市年輕一輩飲食愛好族群裡、對精緻紅茶的崇尚憧憬頗有關係：對歐風或日式洋風消閒享樂方式與氛圍的普遍嚮往，致使下午茶風氣逐漸普及，各種精緻路線紅茶館與專賣店紛紛林立，諸多國際著名紅茶品牌陸續引進。

尤其令人印象深刻的特色是，與英、法、日當刻流行趨勢

高度同步，新一代的愛茶人，關注點不僅在於品牌、茶款分類，連茶葉本身的產區風土、茶園、等級、海拔高度、春摘夏摘秋摘……都自有其追求和專精講究。

流風所及，與台灣咖啡近年的炙手可熱景況相似，這般對優質紅茶產地、身世來由的關注，原本曾經盛極一時、卻因外銷市場的消退而幾近凋零不存的台灣本土紅茶，在越來越多的紅茶愛好者們的關切和追尋下，開始有了嶄新的發展契機。

最關鍵原因還有，1999年九二一大地震災後重建計畫中，選定紅茶做為南投產業發展重點──各方因素推波助瀾下，台灣紅茶終於開始重新萌芽生光。

台灣茶葉改良場魚池分場。

經典
茶區

微氣候多元多樣，百花齊放

一路發展至今，在我看來，與印度、斯里蘭卡等知名紅茶國度相較，台灣紅茶可算世界紅茶系譜裡，極其獨樹一幟的一支。

當然位置上風土上自有先天優越條件：熱帶與亞熱帶間、北迴歸線南北一帶，公認最佳茶區緯度；海洋環抱帶來的溫潤多濕氣候，以及複雜多山地勢，於島內各處形成無數微氣候帶，孕育出多元多樣的茶區。

且因屬歷史悠久製茶飲茶之地，兩百多年來，烏龍茶、綠茶、紅茶，中國、日本、南亞等各種飲茶文化、製法以至茶樹品種在此薈萃，相互援引、交融、百花齊放，涵泳成豐富精深自成一格的製茶與品飲美學。

因此，種種優勢先天背景，加之各方後天因緣的水到渠成，至今，台灣紅茶不但在茶壇上逐步斬頭露角，成為國民日常生活中越來越喜愛依賴的茶品；且還遍地開花，北起木柵、坪林、三峽，桃園、新竹，南至南投、嘉義各地，以迄東部之花蓮台東宜蘭，處處皆可見在地紅茶影跡。

最重要是自我面貌的越見鮮明，不僅擁有台茶18號紅玉、蜜香紅茶等備受肯定喜愛的經典茶款；且在國際主流的大葉種紅茶外，深具在地特色的小葉種紅茶也越見發熱發光，精采無比！

魚池鄉的地理條件優異，再加上日月潭所帶來的豐沛水氣，常年早晚霧氣繚繞，造就紅茶之鄉。

南投魚池茶鄉：
大葉種紅茶之王

全台產區中，歷史最悠久完整、發展最穩健成熟的紅茶產地，毫無疑問首推南投魚池日月潭茶區。

魚池鄉的紅茶種植始於1920～1930年間，當時，日本政府轄下的製茶試驗所自印度阿薩姆引進茶樹在此培植、試種，獲致極大成功，是南亞大葉種茶樹在台落腳生根的開始。

1936年，魚池紅茶試驗支所成立，是今日台灣茶業改良場魚池分場的前身，一路見證台灣紅茶從盛轉衰而後再起的波瀾壯闊歷程。到現在，場中以檜木與杉木興建，已近八十高齡、形式模樣與錫蘭茶廠十分肖似的美麗製茶工廠仍在運作，如常製茶外，也是目前肩負起主要輔導與推廣任務的魚池鄉農會之外，另一魚池茶業的重要推手。

置身魚池茶園間，可以立即清晰感受到，此地風土的不同一般：700公尺海拔高度，群山環抱盆地地形，季候溫暖適中；起伏有致的坡陵創造良好的排水條件；再加上鄰近日月潭所帶來的豐富水氣，晨間向晚都有氤氲霧氣繚繞，各方因緣條件俱足，無怪乎躍居台灣首屈一指紅茶之鄉。也因日治時期的穩固基礎，九〇年代末台灣紅茶的復興，自是當仁不讓先由魚池發軔、領軍。尤其九二一震災後，政府與企業資源紛紛湧入，且頗多聚焦投注於紅茶產業上，成果斐然。

台灣山茶、緬甸大葉種，培育台茶18號

當時，除了重新復育荒廢茶園中的老阿薩姆茶樹，最值得一提是台茶18號紅玉紅茶的燦爛崛起。

台茶18號紅玉是茶業改良場魚池分場於五〇年代以在地原生種台灣山茶與緬甸大葉種雜交培育成功的新品種茶樹；沈

潛四十多年，終於趁此時機堂堂問世。在魚池分場的大力推廣、輔導下，各方茶園紛紛栽植、取以製茶。

　　所製成的紅茶茶氣濃郁奔放，洋溢著薄荷、柚子、肉桂、玫瑰的芬芳；滋味上則雖擁有南亞大葉種紅茶的強勁馨香，口感卻顯得溫醇圓潤、不苦不澀，近似台灣山茶的絲絲野氣和柔滑口感更讓人著迷不已。

　　遂立即轟動四方，聲勢之大，甚至壓倒阿薩姆老前輩，成為此波台灣紅茶復興運動中最閃亮的領銜明星；率先響應投入的各產銷班與茶農所分別成立的紅茶品牌如森林紅茶、和果森林、澀水皇茶、膨鼠紅茶、香茶巷40號等，都以台茶18號紅玉為標榜。

　　一路至今，目前魚池地區茶園面積已超過六百公頃，且一年四季都能採製，穩居台灣第一。茶樹品種則完全以大葉種紅茶為主力，超過半數為台茶18號紅玉，其餘除阿薩姆之外，近年則原生台灣山茶以及另一新種茶款——以中國祁門和印度Kyang大葉種雜交而成的台茶21號紅韻也逐漸打開知名度，前者飲來清柔中透著微微野香，後者流露優雅的蜜味與柚香，各見丰姿。

　　製法上，比起其他茶區的多多少少猶在摸索，已然全面進入成熟統一，一律採行近似南亞的Orthodox傳統紅茶設備與工法：採摘一心二葉或三葉，而後萎凋、揉捻、發酵、乾燥……略略不同是，迎合台灣本地飲茶習慣與喜好，製成的紅茶極高比例不經切碎、篩選，直接以條索型全葉狀態進行精製、包裝出品。

　　近年來，更在魚池鄉農會的推動下，以大葉種茶樹先天強健體質、以及積累多年之茶園管理經驗為根基，自然農法栽植成為全區此刻追求目標；陸陸續續有茶園取得有機認證標章，與此刻全球消費趨勢和需求緊密接軌，相信又將為魚池紅茶開創另一新章。

魚池茶農採行近似Orthodox的傳統紅茶設備與工法，但極高比例直接以條索型全葉狀態進行精製。

花蓮瑞穗茶鄉：
小綠葉蟬的樂土

我始終認為，茶是天、地、自然與人完美交會、攜手孕育的產物，而花蓮瑞穗的蜜香紅茶，則可說是此中最鮮明例證。

說來奇妙，蜜香紅茶所以為蜜香紅茶，除了氣候、土壤、茶樹與製法之外，生長過程中，還得仰仗另一核心關鍵角色——小綠葉蟬的相助。

這小綠葉蟬與茶間的共生關係可一路追溯至百多年前，台灣桃竹苗一帶的茶農們因緣際會發現，茶葉遭原本視為害蟲的小綠葉蟬叮咬過後，會啟動自我防禦機制、散發出一種特殊芳香物質（稱為「著涎」），所製成的茶帶有迷人的花果蜜香，就此開啟舉世聞名經典台灣名茶「白毫烏龍／東方美人」的光輝史頁。

被小綠葉蟬叮咬過的茶葉，會散發出一種特殊芳香物質，所製成的茶帶有花果蜜香。（下圖：嘉茗茶園提供）

百年後，原以清香型包種茶為主力的花蓮瑞穗舞鶴台地一帶，因在地小綠葉蟬資源向來豐富，為因應包種茶消費量日漸萎縮景況，遂萌生另行開發在地特色茶款的想法。

仿傚東方美人工序，蜜香紅茶誕生

2000、2001年間，在當地茶農高肇昕與茶業改良場台東分場共同合作研發下，從東方美人概念脫胎轉化而出，採摘遭叮咬的茶菁，原本先試製成綠茶，後來則進一步援引紅茶製法，萎凋、揉捻、發酵、乾燥等基礎步驟之外，再結合東方美人的加濕回潤以及烘焙精製工序，「蜜香紅茶」就此誕生。

記得當年，透過魚池分場的引介，我曾幸運取得少許綠茶與紅茶茶樣。一嚐之下，綠茶香氣清芬、口感微帶澀度，嚴格來說不算出眾；但蜜香紅茶表現卻令人萬分驚喜：飽滿的熱帶

水果、蜂蜜、花朵香氣習習，馥郁甜柔口感與微微的烘焙味近似東方美人，卻又洋溢著紅茶特有的扎實圓厚質地，著實令人傾倒。

果然自此之後，蜜香紅茶逐年嶄頭露角，至今已成備受國人青睞愛戴的明星茶款，膾炙人口程度足能與魚池紅茶分庭抗禮。也因這絕高人氣，促使島內各產區紛紛模仿跟進，各地都可見類似茶款零星出品；但因周邊風土環境等相關條件的差異，整體質量始終無法和花蓮瑞穗相比。

走訪此地茶園茶廠，很快便能瞭然其中獨到處——毫無疑問，這裡是小綠葉蟬的樂土。

地理位置上，舞鶴茶區與阿里山茶區恰恰好隔山對望，北迴歸線從中貫穿，熱帶亞熱帶交界處，同屬優良茶區緯度。而縱谷台地地勢，100～300公尺海拔高度，中央山脈與海岸山脈兩邊屏擋迴護加之秀姑巒溪帶來的濕潤水氣，四季宜人的溫熱和暖氣候，正宜小綠葉蟬在此安居。

而當地茶農們的努力，不僅絕少用藥、適度留草；並在多年發展下，茶園集中且齊心協力一律僅種植、生產蜜香茶，少有其他類型茶園或農園農地混雜其中。相較於其他茶區，少了鄰田鄰園污染，更能確保小綠葉蟬們草下樹間住得自在舒服。

遂而在舞鶴，蜜香紅茶幾乎一年四季都能生產。但也因一切均仰小綠葉蟬鼻息，以品質言，過往原本以端午過後到七、八月間、小綠葉蟬最愛的高溫多濕盛夏最佳；但近年因氣候變異，夏季雨量稀少，天候過於炎熱乾燥不利蟲族活動，反以春秋三～五月與十、十一月間見長。

茶樹品種則青心烏龍、大葉烏龍、金萱等小葉品種茶樹都有種植，但一般公認以大葉烏龍茶樹成果最好。而實際品飲結果：青心烏龍與金萱所製之蜜香紅茶喝來溫婉潤甜，唯獨大烏龍於潤甜中更多了明亮清揚的高雅花香，確實不同凡響。

上：花蓮舞鶴位處美麗的花東縱谷。
此地茶園齊心協力種植、生產蜜香
茶，少有其他茶種或農園混雜其中。

右：冰鎮的蜜香紅茶一樣迷人。

阿里山茶鄉：
融合高山烏龍茶魂

在魚池紅茶、蜜香紅茶等重量級前輩的耀眼光芒下，阿里山紅茶雖為後起新秀，但挾台灣最富盛名頂級高山茶區威名，卻是甫一問世便備受各方關注矚目。

阿里山紅茶的成形與發展之路，可說已成近年台灣大多數小葉種紅茶產區的典型代表範例。——和花蓮瑞穗蜜香紅茶的崛起過程非常不同，目前，台灣大多數小葉種紅茶，幾乎都屬「因時制宜」下的產物。

這些產地傳統上都屬烏龍茶區，但烏龍茶向來以春、冬茶評價高、價格好，夏秋兩季則因氣溫高、茶葉肥厚，茶質不夠細緻清雅，普遍不受青睞。遂而，隨紅茶於消費市場上越來越受歡迎，在茶葉改良場魚池分場的輔導下，各方茶家們開始嘗試將夏季所採茶菁完整發酵、改製成紅茶。

並因而發現，原本的缺點竟反成優點：受高溫與豔陽照拂，這些夏季紅茶不僅適度保有紅茶的濃釅醇厚，且質地比大葉種紅茶來得柔潤輕盈，純飲極佳；質優者還能各自展現出獨有的產區和品種個性。就這麼漸漸風行，成為台灣紅茶版圖上另股不可小覷的新興勢力。

小葉種特色紛呈，百花齊放

目前，小葉種紅茶在各地可說一片遍地開花，比方新北木柵以鐵觀音茶樹品種製成的韻紅、南投名間與竹山一帶的金萱紅茶、宜蘭冬山的素馨紅茶，以及工法與思維介於烏龍茶與紅茶間的台東鹿野紅烏龍等，都屬近年嶄露頭角的紅茶新秀。

其中，阿里山紅茶無疑是其中佼佼者：海拔高度近千公尺以上，北迴歸線貫穿之高山茶區，擁有充足的日照、分明的四

阿里山茶區海拔高度近千公尺以上。

季與日夜溫差，還有豐富雨量以及終年終日穿飄縈繞的山間雲霧涵泳，非常優越。

而果然，與其餘中低海拔紅茶不同，阿里山紅茶不僅湯色金紅晶亮，茶氣清冽馥郁，細品間，甜醇豐潤的花與熟果芬芳中，隱隱然綻放著悠悠高山茶韻，確實出眾。

目前，阿里山梅山與竹崎茶區，各茶園每逢夏季或多或少幾乎都有紅茶生產，兩地農會與產銷班也分別整合成自有品牌對外行銷，逐步打響「阿里山高山紅茶」名號。產季則僅約從端午前後到夏末秋初，陽光、氣溫均合宜之短短數月間，遂分外矜貴。

車行入山，一路攀高來到梅山產區；和魚池、瑞穗的盆地台地風光非常不同，崇山峻嶺間，茶樹一行行一列列青碧蔥翠整齊層疊坡稜上，一派高山茶區景象。然山勢雖高，卻一點不似錫蘭烏巴的嶙峋陡峭，反是如印度大吉嶺般柔和起伏，恰與其溫雅雍容茶性相呼應。

也因原本就是世代烏龍茶家，故而不僅栽植上以青心烏龍、金萱品種為主力，製法上也或多或少滲入、融合了烏龍茶的思維；加之本屬新興紅茶產區，茶家多在近幾年間陸續投入，遂在技法上也未如魚池、瑞穗等地已然漸趨一致，至今還仍處於各自摸索嘗試狀態。

比方有別於傳統紅茶工法的室內萎凋，這兒常採行烏龍茶法的日光萎凋，認為曬菁後香氣較強勁，但也會視情況適時覆蓋黑網調節。另外，有些茶家還會採用也是烏龍製法的「浪菁」工序，以機器攪拌茶葉使之相互摩擦促進發酵，茶湯滋味更圓厚甘香；但也有茶家認為室內萎凋較具紅茶質地，不浪菁則茶氣清芬，看法不一。

——可說是，滲入烏龍茶魂的紅茶，蔚成台灣諸多小葉種紅茶特色之一。但也因各吹各調，難以形塑出明確劃一、且穩定標準的產區特性與品質；我想，這也是接下來值得期待和努力的課題吧！

阿里山的高山紅茶滲入烏龍茶魂，蔚成台灣紅茶特色之一。

part 5

紅茶具

找茶、買茶、品茶、研究茶之外,茶具,作為這享樂歷程裡
極其重要的一環,從來也是我熱切鑽研、感受、體驗的項
目。

而我之看待茶具,和其餘餐具、廚房道具與生活雜貨類似,
雖一樣認真執著,態度上卻非常隨心隨興隨緣;且依年歲增
長,心境上越是清澄冷靜、見山又是山。

一如我喜歡紅茶的原因:可以隨性率性、也可以專精講究;
器具此事,沒有標準答案,端看使用者如何將之用出滋味、
用出生命;好用就好,開心就好!

紅茶
器具演進

西傳後東漸，藝術品到生活品

　　紅茶的起源雖說公認最早始於中國，然毫無疑問，卻是在遠渡重洋到歐洲後才真正完整發展、發熱發光。

　　遂而，從紅茶西傳歐洲起，紅茶之飲用方式、儀節、沖泡方法與器具，可說都由歐洲主導；並隨西方文明東進與現代化腳步的推移，成為今日全球紅茶品飲的最主要面貌。

　　也因「茶」與「器」的密不可分，歐洲早期品茶樣貌與中國關連甚深。除了最早茶葉來自中國，所使用的茶具也與當時和茶葉一起從中國西傳歐洲的瓷器有著緊密依存關係。

從東方而來

　　綜合各方記載，瓷器之進入歐洲最早可追溯至十三世紀馬可波羅到訪中國時期。他在回返義大利時，帶回了一只灰綠色瓷罐，讓當時歐洲皇室大為驚艷。

　　然真正從純粹藝術品搖身一變為生活用品，卻是直到十六、十七世紀，飲茶風氣在當地越來越普及之後了。

　　特別在十七世紀，隨著荷蘭、英國與葡萄牙貿易船隊的興盛，中國瓷器的大量引進，使瓷製茶具益發普遍。中間更曾因明朝覆亡，進口一度中斷，改以日本伊萬里有田燒代替，使日本瓷器也開始在歐洲瓷器領域中占有一席之地。

　　因此，從十七世紀前半開始盛行的飲茶風潮中，歐洲人們使用的茶具，大多都是進口自中國、日本的茶壺與茶杯。

　　當時，進口茶具除了中、日原產地現有製品外，進口商也開始以訂製方式，要求兩地瓷器製造者製作歐洲本地所需的茶

左上：各種常用紅茶器具。

右上、左下、右下：奧地利霍夫堡皇
宮宴會與銀器館所收藏的精美瓷製茶
具。

具樣式。

從各種相關紅茶歷史資料來看：當時使用的茶具形制，茶壺與中國茶壺大致相似，茶杯沒有把手，下方則附有「茶碟」。

一般相信，此應為參考中國與日本常用的「茶托」設計而成，但形體較之今日的茶碟要來得更深，有的甚至深如淺砵，且與茶杯容量一致……此中緣由，主要是當時有因茶水過燙、得先倒入茶碟中使之冷卻再飲用的習慣。

──乍聽雖有些粗魯不雅，但確確實實是曾經存在且流行一時的飲茶方式。

歐洲茶器誕生

也從這時候起，歐洲開始意識到對中日進口茶具依賴過深，遂和紅茶一樣，開始投下重金與人力，處心積慮研發自製高品質瓷器，但大多功虧一簣。

直到1709年，才在薩克森選帝侯兼波蘭國王奧古斯特二世所闢建的煉金實驗室裡，由數學與化學家Ehrenfried Walther von Tschirnhaus和煉金術士Johann Friedrich Böttger參透其中奧祕，成功開發出歐洲第一件白色硬質瓷器。

1710年，一直活躍至今的Meissen瓷窯成立，之後，其他歐洲國家紛紛跟進；到了十八世紀中期，歐洲各國多已能自製自產瓷器，致使茶具得以進一步朝更合於歐洲生活使用習慣的型態靠攏：

例如在茶杯上開始出現把手──事實上，歐洲從西元前便已開始使用附把手的杯具，卻是直到此刻才廣泛使用在茶杯上；影響所及，茶杯不再燙手，茶碟也逐步從早期的深碟型，開始走向今日常見的平碟型。

同時也配合使用上所需，而在茶壺、茶杯之外出現更多樣的不同器具，逐步繁衍出規模完整，茶杯、茶碟、茶壺、熱

水壺、量茶匙、濾茶杓、奶盅、糖盅、托盤、點心盤、點心架、點心刀、點心叉、茶匙甚至茶沙漏、茶搖鈴……等一應俱全的全套茶宴道具。且隨各國飲茶習慣不同而在形貌用途上略有變化，像是俄羅斯的「茶炊」、土耳其的雙層茶壺等。

圖紋繪彩更逐漸脫離中國與日本風格，轉而使用歐洲人們偏愛的在地自然花草動物圖案與希臘羅馬建築雕飾圖紋。茶具風貌自此走向新的里程。

走入，現代生活

進入二十世紀，人類文明與生活方式全面邁向現代，益發忙碌快速的常日步調，加之紅茶文化更開闊邁向世界，品飲方式越來越多樣，需求上也越來越求速簡便捷；略顯繁複的歐洲傳統紅茶器具不再能呼應現代人所需，遂開始產生變化。

比方，有別於傳統多人喝茶使用的大茶壺，現在的茶壺越來越小，兩人份茶壺成為商品主流；也有方便辦公室或獨居者使用的單人份茶壺杯組。

濾茶杓逐漸退出日常紅茶器具行列，取而代之的是開始普遍於茶壺中安裝濾網、濾心，甚至推出兼具裝濾茶葉與茶匙功能的「濾茶匙」。

茶包的大行其道，也使方便使用茶包的馬克杯成為茶杯要角，還出現專以置放用過茶包的小碟。

而今，紅茶的品飲方式隨歲月更替仍在持續前進。特別近幾年，東西交流的益發緊密無間，不僅東方對紅茶的接受與依賴越深，西方對紅茶以外之綠茶青茶以至白茶黑茶，也開始越來越興趣盎然，茶器具的使用彈性需求遂相對越來越大。

故此，看向未來，茶具的演化相信也將越來越變化多端、趣味橫生。

我的
紅茶具

日常且從容，享樂好工具

　　每回，在解釋我的多年戀物緣由與脾性時，我的紅茶具們，似乎永遠是舉以為說明佐證的不二典例：

　　「我總是相信，物的加入，往往能令常日生活裡原本平凡無奇的動作，頓然更多了些滋味、多了些感覺、多了些雍容優雅的氛圍……」

　　「舉例來說，喝茶，單單調調的茶壺裡沖茶、茶杯裡倒茶，這時，如果添一支美麗的濾茶杓，一個步驟，整個過程突然間就這麼徐緩了下來，動作上是不是因此而從容了些、悠慢了些，也隨之多少浮現幾許賞玩的、遊玩的愉悅心情？」

　　──的確對我而言，喝茶這回事，除了純粹生理的需要、味蕾的滿足之外，更是一樁日常裡極端珍重不可缺的享樂事。

　　所以，找茶、買茶、品茶、研究茶之外，茶具，作為這享樂歷程裡極其重要的一環，也一樣是我熱切尋覓、鑽研、感受體驗的項目。

隨心而走，見山是山

　　而我之看待茶具，和其餘餐具、廚房道具與生活雜貨類似，雖一樣認真執著，甚至在美感要求上極端龜毛挑剔，然態度上卻非常隨心隨興隨緣、量力而為；且依年歲增長，心境上越是清澄冷靜、見山又是山。

　　比方，歐洲高級飯店或相關書籍圖冊裡常有的，亮燦燦銀器與皇室級名瓷整大套堂堂擺滿一桌的氣派畫面，在我家

除了標準的帶耳茶杯，用日本茶杯茶
碗盛裝紅茶別有風味。

裡，定然是永遠不可能出現的場景。

我的紅茶具們，最基本的茶壺、茶杯、茶匙、量茶匙、濾茶杓、點心盤、點心叉，到進階級的糖罐、奶盅、茶托盤、茶壺墊、熱水壺、保溫棉罩……十之八九多半來自日常時分或是旅行的隨手採購。

而我也從來不急著短時間內一定要將各款器具悉數蒐羅齊備；即使好幾年都找不著真正喜歡或是價格合宜的，也絕不刻意強求，反而盡量從手邊尋找用途相通的物件以為取代，或視情況從既有廚房道具彈性選擇沿用。

Kinto的COULEUR波佐見燒茶壺。

此外，出乎多年來一貫的戀物審美觀點，我總是偏向喜歡形式簡雅、造型別致、具有獨特個性或氣質，最重要是方便順手實用度高、能夠沖出真正好紅茶的茶具。

加之每一件都個別來自四面八方混合成軍，因此，是否擁有高度的相互搭配性，也常常成為我掏腰包前的考量重點……

ZERO JAPAN附金屬蓋茶壺。

比方我最經常使用的幾只西式茶壺：日本白山陶器MAYU茶壺、紅茶專家高野健次的紅茶店Takano所出品的茶壺、ZERO JAPAN附金屬蓋茶壺、Kinto的COULEUR波佐見燒茶壺，以及德國KAHLA的Aronda茶壺，法國普羅旺斯LES SAISONS的CAFE CRITIQUE鄉村風茶壺……

一致為陶瓷材質，厚實壺壁、矮胖渾圓壺身，以讓茶葉在穩定的溫度裡自在伸展；有的則在壺嘴內壁設置了濾洞或濾網，省去一道濾茶步驟，更加貼心。最重要是一律以白色為主體，單純基本，可以清楚窺看茶葉茶湯狀態，也能和諧襯托形式圖紋多樣的各款茶杯。

此之外，由於平時我總是一人在家獨自沖茶喝茶，容量通常至少兩三杯以上的一般西式茶壺不免稍嫌碩大；後來，終是設計了自己的家常一人日用茶具組「讀飲」，小巧迷你、可一掌盈握的一人份小壺遂也成日用要角。

白山陶器的MAYU白瓷茶壺。

紅茶專家高野健次的紅茶壺。

LES SAISONS的鄉村風茶壺。

還有曾令我的飲茶品茶之路因而走入另一重全新境界的濾茶杓：最早，國內國外尋尋覓覓好多年，好容易才在丹麥哥本哈根的二手銀器店裡，買到了一支完全符合我的標準，設計典雅而不繁複、工法細膩而不奢華、且價格還算平易近人的純銀古董濾茶杓。歡天喜地攜回台灣後，還福至心靈地在我的杯子櫃裡找著了一盅藍綠色冰裂紋迷你淺底陶茶碗，樸實溫雅質地，取以作為這只濾茶杓的底座恰恰剛好。

　　後來，我漸漸擁有了好幾支形制不同的濾茶杓，樣式不一。但隨年月累積卻漸漸發現，那些美麗的雅緻的設計精巧的，除了樣式簡練的德國WMF的孔洞型不銹鋼濾茶杓還偶而登場，事實上最常用最上手，竟是購自專業餐具批發店，樣子簡單基本充滿工具感、一點不需花心思擦拭打亮、一點不用擔心清洗時手重了會留下磨損刮痕的粗勇型網狀濾茶杓。

　　奶盅。早幾年都遷就著一只從餐具批發店區區數十元買下的基本款迷你奶盅；人多用量大，便轉而將原本台灣茶道具的茶海或日本山田平安堂的繩紋朱漆片口移作此用，倒也都還順心暢意。直到設計自己的家常茶具組「讀飲」時，乾脆也順道做了一只奶盅，先前這幾只長期暫代品才終於功成退隱。

　　另如茶罐，出乎經濟考量，幾乎不曾刻意買過茶罐，畢竟光是世界各國各地各品牌既有茶葉罐替換著用就已經氾濫成災；後來，為了解決空間問題，索性連罐裝茶都不肯添購了、只專攻袋裝散茶。

　　至於存放方式，則靈機一動找來一個個窄長方形保鮮盒，各款茶葉連同包裝袋依種類屬性分類妥當後，一袋袋頭尾相對一整列排放整齊，不但節省空間、且一目瞭然查找迅速，反而比零零落落大小長相不一的茶葉罐子還要省心好用有效率。

　　——可以隨性率性、也可以專精講究，一如我喜歡紅茶的原因，器具此事，沒有標準答案，端看使用者如何將之用出滋味、用出生命；好用就好，開心就好！

我最常用的基本款濾茶杓。

Betjeman and Barton的銀製濾茶杓。

哥本哈根二手銀器店買的銀質古董濾茶杓。

英國常見的金屬濾茶杓。

德國WMF濾茶杓。

以小巧日式片口做為奶盅。

我的茶葉貯存盒。

我的
紅茶杯

適性而隨喜，匹配好茶湯

　　曾經喝紅茶時，我喜歡換杯子。

　　其中緣由，我想，除了我那素來喜新求變愛玩愛新鮮的個性作祟外，藉著每一回杯子的輪替，不管是純白的繽紛的粗獷的雅緻的渾厚的纖巧的……

　　不同杯子的不同國度來源、不同材料質感、不同形體形制、不同色彩紋案，與當下的心情、氣氛、所飲茶款間的彼此互動交會當口，每每總能令我油然生出一種，此刻正認認真真好好體驗著感受著生活裡生命裡的種種美好的喜悅。

　　也因此，從擁有了自己的住處後沒多久，我開始一點一點慢慢地添購了許多許多的杯子。特別在一次又一次的旅途中，總是不經意地尋尋覓覓著，一只只精挑細選了回來，在我廚房裡那座由地板直上天花的餐具櫃上，擺了個琳琅滿目。

　　然後，依隨心情欲望，依隨每天每天從早到晚所喝的各種茶類茶款之茶香茶氣茶味，濃郁的、清爽的、厚實的、淡雅的……一只一只更換著盛裝的杯子。

　　甚至有客來訪，還可櫃上隨意選一只，以盛裝接下來即將奉上的好茶。

　　然有趣是，幾年下來，曾經因而被冠以「戀物作家」之名的我，淡泊本性漸顯加之年歲增長、老了心境，終究一點一點漸息了這覓物追物之欲。

　　遂而，就在我的杯子們確乎已經滿堆櫥櫃的同時，竟就這麼自自然然停下了尋杯子買杯子的腳步。雖說還是一樣日日時時挑選不同的茶杯喝茶，但幾年來，櫃子裡卻幾乎極少再有添新。

甚至2013年中，趁著居家全面翻修，更一口氣將既有的茶杯收藏痛快割愛捨離大半，更覺神清心爽、杯少一身輕。同時，隨生活益發傾向簡單規律、寧靜自足，即連平日裡常用的杯子，竟也開始越來越固定。

當然絕非弱水三千卻只獨鍾一瓢飲，但也不再是雨露均霑兼愛博愛大家都輪得到。

飲茶數十年，味蕾脾性的越加尖刻犀利，加之經久體驗撫觸熟悉，早已越來越清楚瞭然甚至挑剔著，日夕晨昏，純茶奶茶冰茶果茶冷泡茶奶泡茶，彼此之色澤香氣口感滋味餘韻，究竟得要哪一只杯，才能完美綻放匹配……

早茶的杯子

比方每日早餐時光、我一日裡最最重要的紅茶時光。這時間，為著提振精神兼填飽肚子，遂而通常選的是錫蘭烏巴、印度阿薩姆、英式伯爵茶、印度香料茶，中國正山小種、台茶18號紅玉等濃烈芳香、個性鮮明的茶款，沖煮成濃醇奶茶、奶泡茶飲用。

所以，我的早茶杯子，也往往口徑顯得大些、質感敦厚些沈穩些、顏色與造型則相對樸素些；特別為了因應鍋煮奶茶的濃厚感與大份量，最上手是已經陪我有十年以上、沉甸甸的Calvin Klein灰褐陶杯，其次是Royal Copenhagen藍色繽紛唐草系列早餐杯，以及日本4th-Market Prato經典系列淺灰色陶杯。

奶泡茶，則需得手感沉穩厚實、體型碩大的杯子，如Royal Copenhagen的Ole馬克杯、台灣本產紅琉璃的雙層玻璃杯、十數年前購自紐約Moma現代博物館的卡其底黑條紋陶杯；日本+d附有防燙隔熱套的 TAG CUP。還喜歡碗裝，如日本加賀喜八工房的山中塗櫸木漆碗……

一般奶茶，則是杯壁渾厚形體流線的義大利Ross Lovegrove的Lotus，以及手繪黑色筆觸細緻的德國Thuringia Lengsfeld

喜八工房的櫸木碗。

Calvin Klein灰褐陶杯。

Royal Copenhagen的Ole馬克杯。

4th-Market Prato經典系列淺灰色陶杯。

紅琉璃雙層玻璃杯。

Porzellan寬口杯。

每每在滿盛了奶茶後，兩手緊緊交握，一杯喝盡，暖烘烘的熱氣，令我的每一個早晨，都有了芬芳且溫暖且踏實飽足的開始。

午茶的杯子

午茶時間，我喜歡的是適合純飲的紅茶。比方清香的清爽的、有著花一般溫雅氣息的紅茶，如印度春摘夏摘大吉嶺、春摘尼爾吉里、錫金，台灣阿里山紅茶、蜜香紅茶等小葉種紅茶。若需提神振氣，則稍具力度的台茶18號、錫蘭努瓦拉埃利亞與汀布拉，中國祁門、滇紅等也常飲。這當口，我慣常選用的是優雅細緻、纖薄精巧的杯子。

我的最愛，首推日本著名設計家與民藝家柳宗理設計的骨瓷杯，模樣沈穩安靜謙遜無華，卻有無限韻味內涵在其中，是我心目中完美紅茶杯典型。另如Time & Style的SHIROTAE白瓷紅茶杯、Royal Copenhagen的古典藍花杯、德國Arzberg的藍條紋杯也經常登場。

杯子本身油然綻放的雍容嫻雅氣質，與清冽茶香以及幾縷斜斜灑入的午后陽光，分外搭配。

工作桌上的杯子

習慣了一只有耳杯配一只淺底圓碟的經典紅茶杯組沒幾年，漸漸地，開始有了「為什麼非如此不可」的疑惑——尤其越來越常不加糖不加奶、原味純飲後，更覺得這多出來的手把和茶碟似乎有點多此一舉。

特別埋首伏案工作寫稿時分，桌上工具道具參考資料書籍堆積如山卻還得擠入一組茶碟茶杯，更是倍感累贅。

因此，單單純純小小巧巧、好拿好握且不占空間的東方

日本柳宗理骨瓷杯。

德國Arzberg藍條紋杯。

丹麥Royal Copenhagen的古典藍花杯。

杯，也隨之漸漸成為我的紅茶杯主力一系；樸素典雅形制與氤
氳散發的茶氣，總能令我在緊湊無比、一心數用的忙亂多工壓
力中，猶能稍稍微地保留下些許自得自在閒情。

　　早期，這類杯子多在京都採買，比方質地清細、造型古雅
的青瓷杯，表面有著奇妙凸紋的米白陶杯，穩重扎實、最宜以
雙手捧起的米灰直紋厚陶碗，俵屋旅館出品、充滿手工拙趣的
灰白陶杯，都是長年一路陪伴至今的親密茶伴。

　　近年，則發現新添的幾件裡，長崎波佐見燒所占比例頗
高，且一律帶有樸實手繪感的藍色直紋；實實在在日常氛
圍，是我於茶裡的一貫追求，舒坦舒心。

京都俵屋旅館出品的灰白陶杯。

日本+d附有防燙隔熱套的 TAG CUP。

早年在京都採買的日式茶杯，近年成
了工作桌上最依賴的紅茶杯。

誕生
我的茶具

玩味獨飲，回歸機能原點

喝茶、寫茶、研究茶多年，專注範圍遍及白黃綠青紅黑等六大茶類、以及歐洲亞洲世界各國不同茶文化；一路走來，日日與各種各樣的茶為伴，日日不停泡茶、飲茶……於是漸漸開始思考，是不是真能夠找尋到一套，足以適應各種茶類所需的不同溫度、沖泡環境，同時簡單俐落方便操作，合乎現代快速生活節奏；卻依舊能夠專注面對茶品味茶，從容享受美好茶滋味茶氛圍的茶具？

而多年尋尋覓覓，不免開始漸漸有了設計、製作自己的茶具的想法。然想歸想，卻是一直到了2004年末，偶然因緣下，才竟有了落實夢想的機會。

這套茶具，我將它命名為「讀飲」。以一人獨飲需求出發：一只壺、一只杯、一只兼具奶盅與熱水壺甚至茶海功能的盛器；彼此間形式大小容量皆互為呼應。

若是紅茶、黑茶、青茶等高溫茶，則直接以壺沖茶、倒入杯中。

若是奶茶，則盛器可作為奶盅之用。

若是綠茶、白茶、黃茶等中低溫茶，則盛器可作為中段降溫的熱水盅。

材質採用白瓷，低調無華，以使視覺與茶都更能呼吸。

造型以最簡單形式呈現，僅在考慮手握隔熱功能情況下，於壺口杯口處作形體上的增添；為了能省去一道濾茶工序，則在茶壺壺嘴處加上了可以濾去茶渣的孔洞。

且盡量完全由茶的本質機能需求作考量：圓胖茶壺，使茶葉能夠自在旋轉；上寬下窄杯身，使能清晰欣賞茶湯顏色；直

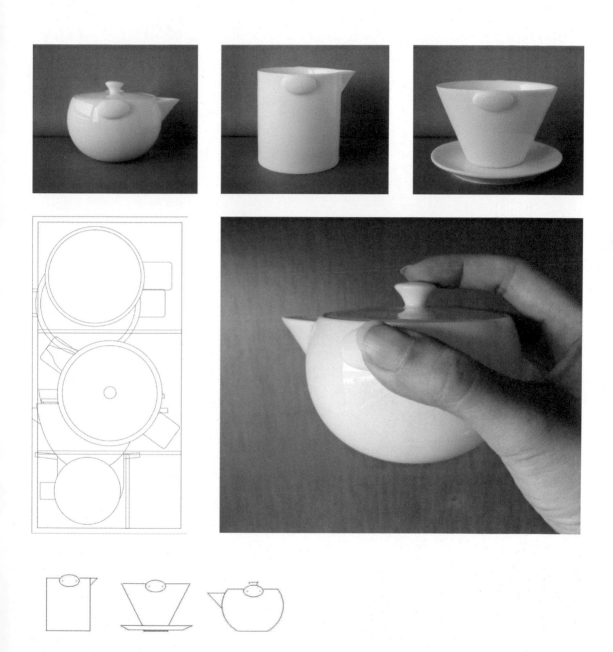

筒盛器，以使沖倒皆輕鬆順手。

　設計之際，每一線條每一方寸的勾勒斟酌，都不斷自問，是否真正回歸茶、回歸機能實用的最原點，思考。

　只求，一無任何虛榮無用的冗贅裝飾、不為外在浮面皮相表象之光鮮華美所制約。

　只願，簡簡單單自自在在，茶裡茶外，心內心外，天地無限。

part 6

紅茶
世界

不管是生活裡旅行裡，茶，向來是我時刻留心、關注的的項
目。尤其是紅茶。

特別在旅途上，總不忘到處尋覓紅茶芳蹤；透過造訪各個茶
館、茶葉品牌專賣店，透過品味一款一款、一杯一杯的紅
茶，深入觀察環繞著茶而生的人事環境景物，同時，領略、
感受、玩味咀嚼著，不同地方的不同茶風景。

一種看生活看世界的絕佳角度，過去現在，始終陶然其中，
流連忘返。

紅茶
之旅

始自東京，二十年的尋味紅茶路

東京
Tokyo

　　如果說，我與紅茶這許多年的牽繫纏綿，始自東京，我想應不為過。

　　其實年少時，我之喜歡上紅茶，多半是因喜歡漂亮的茶具、喜歡優雅閒逸的飲茶氣氛；至於茶之本身，則囿於當時國內飲茶知識與相關環境的缺乏或疏離，始終未能真正抓到訣竅。然後有回，我來到了東京。

　　當時，也並未刻意將旅行目的聚焦於紅茶，只是在這裡那裡閒走閒逛的空檔間，只要見著一處看來舒適有風格的茶館咖啡館，就必然要坐下歇腳喝杯茶放鬆一下。

　　就在這當中，卻是一點一點發現到，喝到的紅茶，不管是混合茶或單品、不管口感或強勁或輕柔，絕大多數都是香氣清芬質地舒坦、濃淡恰到好處，令人衷心微笑愉悅的好滋味。令我於是瞭然了，一杯各方條件兼備俱足、用心泡出來的好茶與凡品間的差距，直可以千里計。

　　令我自此起心動念，一步一步深入紅茶世界。——從東京開始。

茶館到雜貨鋪，處處有好茶

　　還記得早幾趟，城市各角落裏到處走，目的地幾乎全是紅

銀座和光百貨La maison du chocolat的午茶。

茶館；有時一下午喝三四家，胃都生疼。

遂也留下許多難忘美好回憶：

比方已然走入歷史的Tea Clipper，多年前曾讀過店主人佐藤忠臣的一篇文章；娓娓敘述著自小與紅茶結下的不解之緣，以及對紅茶的熱愛和見解，激起我前往一探究竟的好奇。

果如佐藤先生的文字給我的感覺，微暗昏黃的空間、流露些許歷史感的舊家具，以及空氣裡杯裡瀰漫著的扎實濃釅茶香；宛若一趟時光之旅，是此刻正漸漸消逝中的古早紅茶氛圍。

還有TAKANO。日本紅茶專家高野健次所開設的茶館，隱於東京神田町充滿藝文氣息的舊書店之間。雖位在大樓地下室，卻一點不顯黝暗狹隘；寬敞明亮空間中洋溢著專注但自在的悠然氣息。店中茶品一律以高野健次自行出品的優雅圓形白瓷茶壺盛裝，經過長年使用，茶壺內側明顯積累下深厚的褐紅茶色，別具意趣。

而越是深入其中，越是動心嘆服於東京紅茶風貌與內蘊之廣闊與精深。

——我想，經常在日本遊走的人，應該都會驚異於這個東方國家對西方文化極其強大的接受度與包容力，且一一轉化為根深蒂固的常日生活的一部分，不可分割。

尤其再加上日本民族性裡特有的、對事物的細節與精緻與完美程度幾近鑽牛角尖一往無前的專注窮究，有時更往往締造出超越本來源頭的驚人成就。

紅茶，便是一例。

不知在哪裡聽到的一個有趣的說法：「許多日本人相信自己前世應為英國人。」

和英國一樣，紅茶之深入日本常民生活程度，令人咋舌。不僅好紅茶四處遍見，而且在專注度、精緻度上甚至可說猶有過之：不僅各大歐洲知名紅茶品牌多半都有引進，且主要茶專賣店、專業茶館之外，許多咖啡館、餐廳，各種生活雜貨生活

位於吉祥寺區的Karel Capek，由知名插畫家兼紅茶專家山田詩子所開設，延續其作品的甜美風格。

小店，也時時喝得到、買得到精采紅茶。

而且，在紅茶種類、特別是單品產地茶的執迷與涉獵之深，在在令人驚歎不已。這中間，最令人嘆服的，應是當地愛茶人們對於印度大吉嶺一地所展現的高度興趣與專精。

想是大吉嶺所格外具備的，在茶園、產地、分級上均遠遠凌駕其他產地紅茶的細膩講究，著實準確命中日本人素來的龜毛脾氣；因此，在日本本地經營的紅茶專賣店裡，大吉嶺始終是不可或缺的重要展售項目，且囊括莊園之多、之完整，即使是倫敦、巴黎首屈一指的名店，也不能不為之甘拜下風。

值得一提是，對喜歡蒐集各地各種茶葉的紅茶愛好者而言，東京可真是採買紅茶的天堂！打破英法最普遍的100公克門檻（散裝最少得買滿100克），在這裡，最低購買量常從50克、25克起跳；猶有甚者，還按不同茶園和季節推出10公克、3公克的小包裝；讓人不由得完全失去自制力，一款一款全數掃進購物籃，直至阮囊盡空為止。

日本紅茶專家高野健次所開設的茶館TAKANO。

倫敦
London

「這真真是，紅茶的國度啊！」——十數年前，第一次踏入這公認歐洲最重要紅茶城市，我不禁如是讚嘆。

那是，幾乎深深滲入空氣裡骨血裡，如同陽光如同水如同麵包主食一樣理所當然無處不在的，最基本生活項目。

英國的紅茶歷史，起步在歐洲雖不算最早，但卻從十八世紀末開始，就已成為舉國不可缺少的日常飲料，從而伴隨衍生出極其豐饒豐盛的茶生活文化。

如果認真算一下，英國人們一天喝幾杯茶，可真是要令同屬茶國子民的我們也要為之驚詫驚異自嘆弗如：從一大清早乍然甦醒時分的晨間茶，然後是早餐茶，早上十一點左右小憩一下的早午茶，午后三點到五點的下午茶，到了晚餐後，也許還來點清爽解膩的果香茶或花香茶……如果每道茶都以一到兩杯計算，一天喝個七八杯甚至十杯以上，都不為過。

然也許就是因著這樣自然而然深入百姓家，倫敦的茶風景，相較於東京的精緻細膩、巴黎的門道講究，除了幾個較顯專精時髦的茶葉專門品牌如Harrods、Fortnum & Mason等，其餘不免相對顯得平實些，流露些許樸素自得的常民況味。

所以，停留倫敦時分，不同茶館咖啡館餐廳間來去，雖說知道在這裡點紅茶可不能像在其餘大多數國家一樣，直接開口就是「Tea！」，而是得講明了是英國早餐茶、伯爵茶、大吉嶺、甚至正山小種，一點含糊不得；然而走進大多數茶葉專賣店，卻往往不見得看得到如東京茶葉店那般產地茶園季節等級區分細如牛毛、品項琳瑯滿目的行家級景象……

在倫敦，還是所謂的混合調配茶：各種配方的英國早餐茶、伯爵茶，以及以時間（八點鐘、十一點鐘、五點鐘……）或時段（早餐茶、早午茶、午后茶、晚間茶……）的

Twinings茶店。

Harrods百貨茶葉展售區。

不同屬性茶，或是直接簡單標示產地（錫蘭、阿薩姆、大吉嶺）的拼配茶……才是真正當道。

常民況味，混合茶之都

令我聯想到，曾經在倫敦住過一些時的朋友，每回聊起英國紅茶，總愛跟我講起一種英國常見的茶包。這種茶包，太高級太講究的地方是看不到的，形狀圓圓扁扁、中間填裝著細如粉末的茶葉，沒有一般習見的細棉繩和紙質標籤，想喝茶時，信手抓過一枚來，直接扔進馬克杯裡，沖熱水、加糖加牛奶，就是一杯熱騰騰奶茶，隨時隨地都可輕鬆享用。──「真是好喝啊！」朋友們說起時總先是臉上亮閃閃著陶醉神往的光，然後卻又立即暗沈著悵惘了下來：「只是不知為何，每次一大包買回台灣，卻是怎麼沖，都不是當時味道了……」

當年，我在初初抵達倫敦的第一個早晨，就在下榻小旅館的早餐時分喝到這種茶。茶湯很濃很澀，兌上多量的糖和牛奶後，即使心裡明知這茶包沖法與我向來所知所堅持（先倒熱水再放茶包、時間一到馬上拎出來、千萬不可用湯匙擠壓……）截然迥異，卻也不能不心服承認，味道確實迷人。

但也是立刻便瞭然了為何這茶包來到台灣便全走味：茶袋裡很細很碎的茶葉，在英國較硬的水質下可以很快很容易便沖出滋味，再配上顯然比台灣要濃郁好多的當地牛奶，滋味自有獨到處。橘逾淮為枳，換了環境換了條件，自然一切都大不相同；尤其當時和這濃茶相佐的，可還有身在倫敦無以複製的異地異邦異國氛圍呢！

我想，就像香港茶餐廳裡的奶茶一樣，是一種長年在地生活裡點滴淬煉出來的在地紅茶味兒。而比起Ritz、Savoy、Browns 等豪華飯店裡金光銀光閃耀的氣派下午茶排場，這倫敦紅茶性格裡格外平實踏實的一面，無疑更觸動人心。

Fortnum & Mason，創立於1707年，
有多款老饕喜愛的混合調配茶。

巴黎
Paris

　　雖然無法和具有歐洲經典歷史地位、且幾乎大街小巷常民生活裡俱皆無處不在扎根深厚的英國紅茶文化相比，然而，法國的茶風景，卻依然十分迷人而可觀。

　　事實上，法國茶歷史的發端，與英國其實並沒有太大的時間差，二者大約都在十七世紀中葉左右。而根據文獻記載，早在西元1665年，太陽王路易十四的御醫所開的藥方裡，便以來自中國或日本的茶作為幫助消化的良方。

　　我覺得，若說英國人是把茶當作不可或缺的日常飲料，法國人則無疑把茶視作美食與享樂的重要項目之一。因此，法國、尤其是首都巴黎的茶風氣，在某種程度上，也和法國人素來在料理上的追求與喜好類似，對於產地與新鮮度、調配創意、味道的肌理層次與豐富性、以至潮流與風向的敏感度，都有極專注而多元的堅持和表現。

花都流紅茶學，與咖啡競香

　　所以，巴黎城市裡的茶勢力幾乎可與咖啡相抗衡，不僅茶館（Salon de The）也和咖啡館一樣舉目可見，高級食品店、著名食品超市裡的茶專櫃在規模和專業度也與咖啡專櫃一般無二甚至有以過之；以專業茶葉銷售為經營主體、且學問講究均自成體系的專門店更逐漸蔚為風氣，成為法國飲食領域裡越來越不容忽視的一支。

　　這些茶專門店的共同特色，除了大多擁有動輒數十到數百以上的龐大種類可供選擇；在茶款方面，更展現出對多樣產地的豐富興趣，完整體現法國葡萄酒與食材領域裡百年來一以貫之的，對Terroir、亦即「風土」的講究和追求。

巴黎Mariage Frères茶店一景。

以Mariage Frères為例，國家來源就遍佈中國、日本、台灣、印度、錫蘭、尼泊爾、馬來西亞、泰國、越南、印尼、俄國、中南美、非洲、甚至澳洲……單一國家項下，則還有不同產區及不同茶園與季節、等級的分別，極是令人咋舌。

此之外，在調配上的繁複繽紛程度也居各國之冠。簡直做料理一樣，想得到想不到的各種花果香料辛香料素材全採以入配方，芳馥馥甜滋滋如一盞香湯；且和傳統混合調味茶的單單就是燻香不同，乾燥花果香料素材常都一起入茶，茶葉間歷歷可見，更添芬芳和視覺感，配之時髦華美的包裝，自成魅力。

左：巴黎FAUCHON食品店的茶葉展售區。

右：巴黎KUSMI茶店。

巴黎DAMMANN Frères茶店。

紅茶
品牌

膾炙人口的18個紅茶品牌

Harrods 🇬🇧

　　說起倫敦最具盛名的百貨公司，毫無疑問，創立於1849年的Harrods穩居首位。然在我而言，每次造訪，幾乎很少涉足其他樓層，唯獨Harrods那簡直美食聖堂一樣、美麗奢華絕倫的Food Hall，卻絕絕對對不肯錯過。

　　而旗下所推出的茶葉品牌自是其中一大重點。創始人Charles Henry Harrods原本就是一位紅茶商，在專業與深耕度上分外不同凡響。

　　Harrods的茶款品項繁多，在產地茶部分，可說世界各地各產區均包羅其中，非常完整豐富。尤其還頗多獨樹一幟的特色產品，比方曾經風行一時，滿是金黃毫芽、外型和口感都頗華麗的阿薩姆茶，早年我便是在此首度見識。

　　而一如倫敦茶店的向來專注用心處，混合調配茶方面也頗可觀：比方最經典也最膾炙人口、編號No.14的英國早餐茶，以阿薩姆、錫蘭、大吉嶺與肯亞混調而成，滋味鮮醇圓潤豐富紮實，至今仍是我個人極偏愛的早餐茶款。而為了慶祝創立一百五十週年所推出的Blend 49，以印度各產區紅茶混調而成，較之No.14要更沈穩厚實，一樣擁有不少愛好者。

★網址：www.harrods.com

Fortnum & Mason 🇬🇧

創立於1707年，是倫敦最負盛名的食品百貨店，也是首屈一指茶品牌。到現在，多達六層樓的陳列空間雖說大多數商品已然不僅限於食品，然一樓的茶葉展售區卻仍是整棟百貨公司中人氣最旺、也最有看頭的部門。

和Harrods一樣，各重要產地紅茶大致都有涵蓋；但最是引人入勝處，仍屬多樣的混合調配茶。

Fortnum & Mason擁有種類眾多的混合調配茶，其中多款都屬茶饕們有口皆碑的茶品：比方歷史悠久的Queen Anne，以印度茶和錫蘭茶調配而成，滋味既飽滿又柔和，是我多年前初入紅茶領域之際一喝便喜歡上、繼而留戀至今的茶款。

此外，被視為鎮店招牌的Royal Blend，基底同樣是印度和錫蘭茶，質地雄渾濃厚，最宜搭配牛奶飲用，極是傳統道地英國茶滋味。

★網址：www.fortnumandmason.com

Twinings 🇬🇧

　　創立於1706年，是英國第一家茶專賣店，也是歷史悠久、於全球市場上頗占一席之地的茶品牌。遂而常有人說，Twinings的歷史，幾乎就可以代表英國的紅茶史。時至今日，Twinings的茶單也仍舊充分展現出經典英式紅茶風貌。

　　據說，Twinings創業之初，紅茶還僅只是少數皇室與貴族階級才能享有的超高級品，也因此，茶客們來到Twinings，還得靠主人以專門鑰匙打開重重深鎖的茶櫃，才能一窺茶葉樣貌。

　　到現在，Twinings老店依舊佇立於十八世紀初創時的原來位置。我曾於十數年前親身造訪。當時，完全出乎意料之外是，名震四方、行銷版圖幾乎遍及世界各地的Twinings，本店卻極不起眼，面寬不到兩公尺、狹長型的小巧店面裡，品項與茶款也並不多。然而，從頗具典雅歷史感的店貌、與店員仍然倨傲的身段，依稀得窺此品牌的今昔榮光。

★網址：www.twinings.com.tw

Lipton 🇬🇧

　　1871年創立於蘇格蘭格拉斯哥。初時原本只是一家雜貨鋪，卻在創始者Sir Thomas Lipton的雄才大略下，逐步成為目前全球最為人所知、也是最多人日日依賴的大眾紅茶品牌。

　　Lipton品牌的一路發展，在世界紅茶歷史中佔有舉足輕重的地位；特別在紅茶的普及與平民化上，更發揮了關鍵性的影響力。比方在開店初期，Lipton即率先推出袋裝茶，有別於既往的一一秤重、分裝購買，明顯更方便有效率；並藉此省下服務成本、降低售價，一時大受歡迎、蔚成風氣。而為了穩定貨源，Lipton於1890年開始在錫蘭大舉投資茶園，闢建茶工廠，成為錫蘭茶業的早期重要推手之一。

　　Lipton也是全球最早開始大規模生產紅茶茶包的品牌，此舉進一步令紅茶更深入常民飲食生活中。而有趣的是，其於2002年推出可充填原片茶葉的立體三角茶包，使茶包重又擺脫長期以來的廉價低品質形象，展現更精緻的可能性。

★網址：www.liptontea.com

Whittard 🇬🇧

　創立於1886年，目前已是分店超過百家、實力雄厚的英國重量級茶葉品牌，在當地各重要城市都可見到Whittard的身影。

　旗下茶款繁多，其中，紅茶類別除印度、錫蘭、中國等地的產地茶外，尤其以琳瑯滿目的各種口味混合茶為其強項，從早餐茶、伯爵茶等經典調味茶、以及繽紛甜美的調味茶一應俱全，十分齊備。

★網址： www.whittard.co.uk

Mariage Frères ■ ■

　　法國最著名的專業茶品牌，目前在巴黎、倫敦、柏林、東京都有分店。從1660年起便以從亞洲殖民地區進口茶葉起家，目前旗下已發展出超過數百種以上、來自各國各地且品質上乘的茶葉商品；是早年啟發我甚深、且至今每到巴黎都定然前往造訪取經的重要茶店。

　　Mariage Frères的紅茶以品項繁多且精細專精著名。特別產地茶，涵蓋之廣之深，可說居世界各品牌之冠。比方單以大吉嶺茶為例，依照莊園、採收季節、等級作區分，竟赫然有數十項目，著實令人咋舌。

　　尤其近年在此方面更是越走越刁鑽，各季頂尖上貨外，還推出高級訂製大吉嶺系列「DARJEELING HAUTE COUTURE」，不標示莊園、產季，標榜品牌自有精挑出品；款款茶型肥碩芽葉飽滿，香氣滋味頭角崢嶸，並冠上如Snow、Splendor、Grace、Heaven、Rhapsody等意象名，充分體現大吉嶺紅茶越走越高遠縹緲之此刻風向。

　　混合茶則不僅也有數量驚人的選擇，且完全展現法國特色，配方極是華麗繁複，特色鮮明。其中，諸如以採自中國、西藏的花卉與水果燻香調和而成的Marco Polo、調入芙蓉與錦葵兩種花香調的Eros，以及多種不同等級型態的Earl Grey伯爵茶都極知名。

★網址：www.mariagefreres.com

DAMMANN Frères ▪▪▪

　雖屬茶界新興品牌，然Dammann 家族從1692年、路易十四親自授與茶葉專賣權至今，跨足茶葉貿易與批發事業已有三百多年歷史。

　2007年，illy集團成為品牌最大股東，使DAMMANN Frères開始跨足零售。2008年首家旗艦店於巴黎弗日廣場隆重開幕，其時我剛好赴巴黎旅行，遂特別前往一訪，對店貌之雍容典雅、茶品包裝之沉穩優美以及時尚感十足的禮盒設計印象頗佳。

　目前DAMMANN Frères除法國境內，在義大利、日本、韓國都有分店。旗下紅茶將近150個品項，從產地茶到混合茶均包羅多樣。以我曾品嚐過的，以錫蘭、大吉嶺和阿薩姆茶葉混調而成的基本款早餐茶，以及在祁門紅茶中加入乾燥花瓣並經過燻香的Earl Grey Yin Zhen伯爵茶，香氣沈著優雅、口感淳厚扎實，都是具備專業品質的好茶。

★網址：www.dammann.fr

KUSMI ■ ■

　散發濃濃俄羅斯氣息的法國茶品牌。1867年由俄羅斯人 Pavel Michailovitch Kousmischoff 創立於聖彼得堡，1917年俄國大革命時期，第二代經營者Viatcheslav移居巴黎重新開店，2003年再由法國人Orebi兄弟買下經營權。目前在世界各重要城市都有分店。

　至今，KUSMI雖已是法國在地品牌，茶品也如其餘法國品牌一般，追求多樣紛呈且香料感十足的調配；然從包裝到調茶配方都仍以俄羅斯為主打，如Russian Morning、Russian Evening，甚至還有以Anastasia公主、Vladimir大公為名的茶款，異國風情滿滿。

★網址：www.kusmitea.com

FAUCHON ■■

　創立於1886年。是法國首屈一指的頂級食品店，分店與專櫃遍佈歐、亞、非、美甚至大洋各洲。至今，位在巴黎瑪德蓮廣場的總店仍是許多美食愛好者們心目中的必訪地標。

　其中，紅茶自創業以來便是旗下頗占一席之地的明星商品，所出品茶款種類繁多，大多數都是燻香調味茶。特別是1960年首度推出以水果入茶的「蘋果茶」，當時大受歡迎程度，甚至使之成功以此商品打入日本市場。此之後，各種花果香料茶成為FAUCHON茶品主力，並以「Creator Of Flavored Teas」為期許。蘋果茶以外，混合橙皮和香草的招牌茶也頗著名。

★網址：www.fauchon.com

HEDIARD ■■

創立於1840年，位在瑪德蓮廣場醒目位置的總店與FAUCHON兩相對望，同屬行銷全球的法國頂級食品店。旗下茶款包括直接自茶園引進的產地茶以及各種混合調配調味茶；大吉嶺紅茶、早餐茶、四水果茶以及香味基調近似伯爵茶的招牌茶等都是知名茶品。

★網址：http://www.hediard.com

Betjeman and Barton ■■

創立於西元1919年，也是法國著名茶品牌之一，在歐洲各地與加拿大、日本、馬來西亞等地都有分店。以「能從世界上數不清的茶葉品項中找到最適合顧客的好茶」為期許，旗下茶葉如混合阿薩姆與大吉嶺而成的Brunch早午餐茶，混合中國與錫蘭紅茶的Breakfast Royal早餐茶、以及Afternoon Dream、Daybreak、Morning Kick等以一日時段為區分的Blends系列調配茶都很有特色。

★網址：www.betjemanandbarton.com

PALAIS DES THÉS ▪▪

　　較偏大眾化時髦路線的法國茶品牌。最早由五十位茶愛好者攜手創立，標榜茶葉都親赴產地採購，專業度高。早年紅茶品項繁多，近年隨時潮演變，主力漸往綠茶與花草茶偏移；紅茶則以大吉嶺、錫蘭等經典產地與同走芬芳多香路線的調味茶為主。目前除在法國境內擁有為數眾多的分店外，在比利時、挪威、盧森堡與以色列都有分店。

★網址：www.palaisdesthes.com

Ronnefeldt ▬

　　歷史悠久的德國茶品牌，由貿易商Johann Tobias Ronnefeldt於1823年在法蘭克福創立。以頂級旅館與餐廳為主要目標市場，茶葉品質有一定水準，繼而漸漸受到各地茶愛好者們的接受和喜愛。

　　也因瞄準餐飲通路，品項與類別並不複雜，以重要產地和經典茶款為主。值得一提是獨家開發的茶包設計，分茶壺用與茶杯用兩種，加大紙質標籤、省去提繩，還可直接卡在杯與壺的握把上，穩固好用，很有特色。

★網址：www.ronnefeldt.com

TWG

　　雖然logo上印有1837的字樣，但事實上，TWG遲至2008年才創立於新加坡（1837年則為新加坡茶葉貿易起始年份），算是不折不扣茶界新兵。資齡雖淺，野心與實力均極雄厚，短短數年內，分店遍佈全球五大洲，各主要城市均有插旗。

　　對紅茶品牌有一定熟悉度的人，在初初接觸TWG時，應難免萌生幾分奇妙的熟悉感——由於創始人之一出身法國Mariage Frères緣故，整體店貌、風格、茶品與茶具甚至甜點形式和路線，都與之有著一定程度的肖似；氣質上則明顯更華麗光鮮，頗令人玩味。

★網址：www.twgtea.com

Dilmah

　1988年由Merrill J. Fernando 創立於錫蘭，可說是紅茶世界裡極少數由茶葉生產國擁有、且行銷全球的品牌；宛若一扇錫蘭紅茶之窗，清晰展現出在地特色。值得一提是，Dilmah強調茶品一律不經混合拼配，直接在產地採收、製作、包裝，原汁原味。因此，除了經典茶款外，單一產區、單一莊園選擇頗多，是深入近窺錫蘭紅茶魅力的絕佳角度。

★網址：www.dilmah.com

LUPICIA

　擁有國際知名度的日本茶品牌。日本之外，在美國、法國、澳洲都有分店。

　秉持日人素來高竿的窮究極致精神，LUPICIA提供超過四百種琳瑯滿目的茶款，各國各地重要產地茶一應俱全，且經典產區如大吉嶺、阿薩姆、尼爾吉里與錫蘭都有豐富的莊園和等級選擇。混合茶款配方極是五花八門，比方多樣的伯爵茶配方，以及如太妃糖、栗子巧克力等甜蜜蜜口味。

　此外，承襲日本人無微不至的款待精神，LUPICIA各店均提供完整的試聞、試喝服務，對愛茶人來說著實一大福音。

★網址：www.lupicia.com

Leafull

　　東京吉祥寺曾是我心目中的紅茶名勝地，小小街區裡，密集錯落了不少知名紅茶店，一次逛足、喝足、購足，非常過癮。而其中，十數年前在此首度邂逅的Leafull無疑是最難忘的一家。

　　當年，若不是費了一番工夫再三找尋確認，實在很難相信，這藏身於吉祥寺住宅社區小公寓二樓的小店，就是茶饕心目中赫赫有名、專攻大吉嶺莊園茶的Leafull茶葉店。

　　門面雖一點不起眼，然一推入門，便立即感受到此店果然不同平常：一整牆滿滿堆疊著印度直送紅茶木箱，氣氛十足。

　　至今多年，Leafull早已從吉祥寺遷出，逐步拓展成規模完整的專業紅茶品牌，在不少百貨公司都有專櫃；尤其位在銀座首善地的直營店更是敞朗氣派，不可同日而語。

　　雖以大吉嶺紅茶為主打，但其他茶款如印度其餘產區、中國、錫蘭、肯亞、日本，以至綠茶、青茶、黑茶、混合茶等商品也逐年越臻完整。但最令人驚嘆還是大吉嶺，數十以上莊園的各產季、等級茶款琳瑯滿目，且品質均屬上乘。尤其窩心是，不僅提供試喝服務，且大多數品項都有小容量包裝以供選購，是充分領略大吉嶺各大經典莊園特色的絕佳所在。

★網址：www.leafull.co.jp

Karel Capek ●

　知名插畫家、也是紅茶專家山田詩子創立的紅茶品牌。延續山田詩子的甜美畫風,商品一一流露著天真童趣;尤其各式由山田詩子設計,有著花鳥、蜜蜂、熊寶寶、兔子、小孩兒圖繪的茶具、茶罐、雜貨,風格甜柔可愛,讓人愛不釋手。

　茶款部分,著名產地以及如早餐茶等經典茶款之外,多采多姿的各式混合茶是最引人注目的項目;配方上一樣走柔美路線,頗多採用了巧克力、焦糖、蘋果、櫻花等光聽就覺甜滋滋的素材;另外還針對各種節令與用途推出不同配方、包裝茶款和禮盒,活潑多樣。

★網址:www.karelcapek.co.jp

我的，
PEKOE茶鋪

勾勒，浩瀚的世界紅茶版圖

2002年，因緣際會，在朋友Max的鼓勵下，我在他的餐廳裡佈置了一「牆」小小空間，簡單陳列一些食品茶品。那當口，幾乎沒有太多猶豫，我以紅茶的分級用語「Orange Pekoe」中的「Pekoe」，做為鋪子的名字——於是，我的「PEKOE食品雜貨鋪」就此誕生。

當時的想法裡，「Orange Pekoe」是紅茶的基礎分級，可延伸為紅茶領域裡的「講究的開始」。因此，一如我對PEKOE小鋪的定義與期許，希望自此成為所有心念相契的美食愛好者們日常食飲生活中、講究的開始。

之後一路走來，2003年，「PEKOE食品雜貨鋪」購物網站上線，2005年與我的個人網站《Yilan美食生活玩家》正式合併，成為集內容與購物於一體的完整網站。

2008年9月，經過長時間的期待和努力，實體店鋪於台北東區巷內開張，商品展售之外還設了茶座，讓茶友們得以從容坐下，來一杯或一壺好茶，佐上一兩款美味點心，自在靜享一段悠然時光。

而也因我自己、也包括小鋪命名來由與紅茶間的因緣著實難分難解，所以，自然而然地，紅茶始終是PEKOE旗下商品主力之一。

PEKOE的選茶概念，旨在為茶友們精準勾勒出世界經典產地紅茶的版圖。所以，印度、錫蘭兩大重要產茶國家之著名產區，以及諸如英國早餐茶、伯爵茶等經典調配調味茶均一一納入選單。且為確保品質之上乘與正宗，年年季季都從產地甚至莊園直接遴選、引進。

　　同時，也希望能夠充分展現在地本產紅茶風貌，所以，已然發展圓熟的台灣優質茶款如南投魚池的台茶18號紅玉、花蓮瑞穗蜜香紅茶以及嘉義阿里山高山紅茶，均在PEKOE精選之列。

　　期待讓茶友們，從世界到台灣，在這無限浩瀚廣博的紅茶世界裡，專注領略深邃迷人的紅茶面貌。

★www.pekoe.com.tw

The
Journey
To

Black
Tea

紅茶經

葉怡蘭的二十年尋味之旅

作者	葉怡蘭
責任編輯	莊樹穎
校對	莊樹穎、葉怡蘭
設計	楊啟巽工作室
封面攝影	Ivy Chen
部分內頁攝影	Ivy Chen（P.9/46/53/59/71/73/81/83）

行銷企劃	洪于茹
出版者	寫樂文化有限公司
創辦人	韓嵩齡、詹仁雄
發行人兼總編輯	韓嵩齡
發行業務	蕭星貞
發行地址	106 台北市大安區光復南路202號10樓之5
電話	(02) 6617-5759
傳真	(02) 2772-2651
讀者服務信箱	soulerbook@gmail.com
總經銷	時報文化出版企業股份有限公司
公司地址	台北市和平西路三段240 號5 樓
電話	(02) 2306-6600
傳真	(02) 2304-9302

第一版第一刷 2017 年7月7日
第一版第八刷 2023 年1月17日
ISBN 978-986-94125-7-5

國家圖書館出版品預行編目(CIP)資料

紅茶經：葉怡蘭的二十年尋味之旅 / 葉怡蘭著.
-- 第一版. -- 臺北市：寫樂文化, 2017.07
　　面； 公分. -- (葉怡蘭的的日常；365)
　　ISBN 978-986-94125-7-5(平裝)
　　1.茶葉 2.飲食風俗 3.文化
　　481.64　　106009587